ZAISHENGSHUI GUANGAI
DUI TURANG DANSU ZHUANGHUA YU
SHENGTAI HUANJING YINGXIANG YANJIU

再生水灌溉
对土壤氮素转化与
生态环境影响研究

李平 郭魏 齐学斌 张建丰 著

中国农业科学技术出版社

图书在版编目（CIP）数据

再生水灌溉对土壤氮素转化与生态环境影响研究／
李平等著. -- 北京：中国农业科学技术出版社，2024.
6. -- ISBN 978-7-5116-6899-8

Ⅰ. S153.6

中国国家版本馆CIP数据核字第 2024DB8631 号

责任编辑	李　华
责任校对	李向荣
责任印制	姜义伟　王思文

出 版 者	中国农业科学技术出版社
	北京市中关村南大街 12 号　　邮编：100081
电　　话	（010）82109708（编辑室）　　（010）82106624（发行部）
	（010）82109709（读者服务部）
网　　址	https://castp.caas.cn
经 销 者	各地新华书店
印 刷 者	北京建宏印刷有限公司
开　　本	185 mm×260 mm　1/16
印　　张	14
字　　数	311 千字
版　　次	2024 年 6 月第 1 版　　2024 年 6 月第 1 次印刷
定　　价	98.00 元

《再生水灌溉对土壤氮素转化与生态环境影响研究》
著者名单

主　著：李　平　　郭　魏　　齐学斌　　张建丰

参　著：樊向阳　　乔冬梅　　钱炬炬　　韩　洋

　　　　黄仲冬　　赵志娟　　田慧杰　　吕　辉

　　　　张锡林　　高　芸　　张　彦　　潘　捷

　　　　孙利剑　　代智光　　李　涛　　崔嘉欣

　　　　白芳芳　　李开阳　　赵　倩　　佘映军

　　　　李　桐　　杜臻杰　　宋　威　　裴青宝

　　　　刘　铎　　琚东博　　张　芳　　高志鹏

内容提要

本书较为系统地介绍了再生水灌溉对粮食和蔬菜类作物—土壤氮素迁移转化特征、土壤关键酶活性变化和土壤微生物群落结构组成的影响、再生水灌溉土壤氮素矿化动态及其过程模拟、对典型作物产量与品质的影响，以及对设施生态环境影响评价等研究成果。

本书可供从事农业水利、资源环境、农业生态等领域研究与推广技术人员和高等院校相关专业的师生阅读参考。

前　言

再生水作为一种重要的非常规水源，再生水农业利用已成为全球发展趋势，全球范围内至少10%的人消耗的食物来自再生水灌溉。近年来，随着《水污染防治行动计划》《关于推进污水资源化利用的指导意见》《典型地区再生水利用配置试点方案》《区域再生水循环利用试点实施方案》《"十四五"节水型社会建设规划》《中华人民共和国国民经济和社会发展第十四个五年规划和2035年远景目标刚要》等制定实施，我国再生水等非常规水源利用量快速增长，已由2016年的59.2亿m³增加到2023年的212.3亿m³，尽管近年来再生水利用量呈现快速增长趋势，但总体上非常规水源利用水平仍然不高。按现有农业用水效率计算，农业用水缺口400亿～500亿m³，特别是全球气候变化、极端气候发生频率加剧、粮水布局空间错位以及水环境污染等问题，进一步加剧了我国农业水安全危机。从全国范围内来看，2022年我国城镇污水排放量约为754亿m³，农业可利用非常规水资源超350亿m³，再生水资源化利用可成为解决农业水安全的重要举措。

2011年以来，在科技部、国家自然科学基金委、中国农业科学院、厦门水务集团（新乡）城建投资有限公司等部门和单位的资助下，本研究团队主持了国家重点研发计划项目（2021YFD1700900、2022YFD1300801、2017YFD0800400）、中国农业科学院科技创新工程重大任务（CAAS-ZDRW202407、CAAS-ZDRW202201）、国家自然科学基金项目（51009141、51679241）、中国农业科学院科技创新工程项目（CAAS-ASTIP）和再生水农业资源化利用技术研究（20231115）等科研和技术开发项目，开展了再生水灌溉对粮食类、蔬菜类作物—土壤系统氮素迁移转化，以及典型污染物土壤残留特征、生态环境影响等研究。本书较为系统地总结了以上研究成果，得到了上述项目的大力资助，对于推进再生水在农业领域的利用、缓解我国农业水资源供需矛盾和提高用水效率具有重要意义，同时还可促进生态环境保护，以实现水资源的可持续利用和水生态环境的改善。

全书共12章。第1章为绪论，主要介绍了研究背景与意义、再生水灌溉研究进展、研究内容与技术路线等；第2章为再生水灌溉对粮食作物生长及品质影响测桶试验，主要研究了再生水灌溉对冬小麦、夏玉米生长发育和品质影响、土壤氮素变化特征等；第3章为再生水灌溉对土壤氮素迁移转化测坑试验，主要开展了再生水灌溉对土壤—地下水连续体中迁移转化特征研究；第4章为再生水灌溉对粮食作物生长影响测坑试验，主要开展了再生水灌溉对冬小麦和夏玉米生长、产量及水氮利用效率的影响研究；第5章为再生水灌溉对马铃薯根系及土壤盐分分布影响试验，主要开展了再生水灌溉对马铃薯根系分布、土壤盐分分布影响试验；第6章为再生水灌溉对马铃薯氮素利用田间试验，主要开展了再生水灌溉对马铃薯水氮利用效率影响研究；第7章为再生水灌溉对设施土壤氮素转化特征影响，主要开展了再生水灌溉对根际、非根际土壤氮素转化、消耗和残留特征研究；第8章为再生水灌溉对设施土壤酶活性的影响，主要介绍了施氮和灌水水质对土壤脲酶活性、蔗糖酶活性、淀粉酶活性和过氧化氢酶活性的影响，模拟了土壤氮素转化关键酶活性演变特征；第9章为再生水灌溉对作物产量和品质影响，主要开展了再生水灌溉对马铃薯、番茄和小白菜产量和品质影响研究；第10章为再生水灌溉下土壤氮素矿化特征培养试验，主要研究了再生水灌溉土壤氮素矿化过程及其特征、氮肥添加和再生水灌溉对土壤氮素矿化耦合作用、土壤氮素矿化潜力预测；第11章为再生水灌溉土壤氮素迁移转化模拟试验，利用测坑为研究手段，重点研究了再生水灌溉下氮素在饱和—非饱和土壤中迁移转化特征；第12章为再生水灌溉对设施生境影响与环境效应评价，重点研究了再生水灌溉下典型重金属镉、铬在土壤中残留特征，初步评估了再生水灌溉设施土壤生境健康风险。

在成书过程中，著者还参阅并引用了大量的公报、专著和论文，在此对已列举和未列举的文献的著者表示衷心的感谢。囿于著者水平，疏漏及不足之处在所难免，敬请广大读者和专家批评指正。

著　者

2024年3月

目　录

1 绪论

1.1 研究背景与意义

我国是水资源贫乏且地域分布不均的国家，尤其是在北方地区缺水更为严重，南方地区季节性干旱问题也十分突出。受全球气候变化、快速城市化进程、水污染问题、粮食安全和"北粮南运"等社会因素的影响，进一步加剧了我国水资源危机。自2013年以来我国农业用水总量逐年压缩，2023年我国农业用水总量为3 672.4亿m^3，亩*均用水量为347m^3，特别是灌溉水有效利用系数仅为0.576；预计2030年我国人口将达到16亿，粮食需求将达6.4亿t，按现有农业用水效率计算，农业用水缺口约800亿m^3。

再生水作为一种排放稳定的非常规水源，如能得到科学利用，可极大缓解农业用水紧缺的状况。《中华人民共和国水法》第五十二条指出，加强城市污水集中处理，鼓励使用再生水，提高污水再生利用率。"再生水"是指污水（废水）经过适当的处理，达到要求的（规定的）水质标准，在一定范围内能够再次被有益利用的水。这里所说的污水（亦称废水）是指在生产与生活活动中排放的水的总称，它包括生活污水、工业废水、农业污水、被污染的雨水等。同原生污水和简单处理的污水相比，再生水水质得到大幅提高，处理工艺（混凝沉淀过滤、超滤碳滤池、膜生物反应器工艺、膜生物反应器反渗透、二级反渗透和臭氧氧化等）决定了污水中的氮磷营养盐、溶解性有机物和重金属类的污染物处理水平，目前氮磷营养盐和部分新型有机污染物还无法有效地去除，因此，利用再生水进行农业灌溉时，还应重视长期再生水灌溉对土壤生境影响风险和效应评估。

从世界范围内看再生水资源化利用情况，美国加利福尼亚州从20世纪80年代开始使用再生水，到2009年再生水年使用量已达8.94亿m^3，47%的再生水回用于农业和城市绿地灌溉；以色列全部的生活污水和72%的城市污水得到了循环利用，处理后的再生水46%用于农业灌溉；澳大利亚的Werribee农场从1897年开始利用再生水进行农业灌溉；中国再生水回用于农业的比例和用量逐年增加，2010年北京市再生水利用量达

---

    *   1亩≈667m^2，1hm^2=15亩，全书同。

到6.8亿m³，其中回用于农业的再生水达到3亿m³，到2020年，北京市再生水利用量为15.5亿m³，全国范围内再生水开发利用潜力超过500亿m³。据水利部、住房和城乡建设部统计，自1997年以来，我国污水排放量稳定在580亿m³以上，近5年我国废污水排放量稳定在770亿m³左右；2014年以来，我国生活污水排放量稳定在500亿m³以上，城市污水处理率达到90%以上，其中污水处理厂集中处理率85.94%，按照城市污水处理率80%折算，生活污水处理量超过400亿m³（图1-1）。此外，我国城镇污水处理明确了将一级A标准作为污水回用的基本条件，城镇污水处理开始从"达标排放"向"再生利用"转变，但处理后的城市污水仍含有丰富的矿物质和有机质，因其具有排放稳定、节肥、节约淡水资源和保护水环境等优势，被联合国环境规划署认定为环境友好技术之一，得到广泛推广应用。2012年的《国务院关于实行最严格水资源管理制度的意见》《国家农业节水纲要（2012—2020年）》和2015年《水污染防治行动计划》都明确提出逐步提高城市污水处理回用比例，促进再生水利用，黄淮海地区大力提倡合理利用微咸水、再生水等，这也为再生水农业利用提供了政策保障。

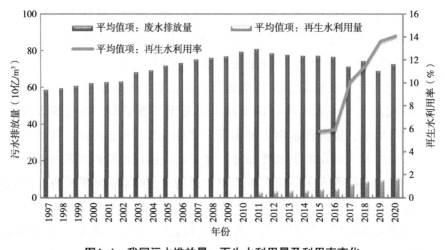

图1-1 我国污水排放量、再生水利用量及利用率变化

20世纪90年代中期以来，我国设施农业持续快速发展（图1-2）。2015年全国蔬菜（含西甜瓜，下同）总播种面积2 454.9万hm²，产量88 421.6万t，总产值达到17 991.9亿元，其中设施蔬菜的播种面积、产量、产值分别占23.4%、33.6%和63.1%；2016年全国蔬菜播种面积2 548.8万hm²，产量91 834.9万t，总产值首次突破2万亿元大关，其中设施蔬菜的播种面积产量、产值分别占21.5%、30.5%和62.7%；从面积分布来看，黄淮海及环渤海湾地区占57%，长江中下游地区占20%，西北地区占11%，其中山东、江苏、河北、辽宁、安徽、河南、陕西7省共占全国设施蔬菜面积的69%。由于设施蔬菜长期处于高水、高肥、高温、高湿、高复种指数的生产状态下，主要养分利用率仅为10%～30%，这不仅影响了农产品产量和质量，而且显著增加

N_2O、CO_2排放量。中国粮食年产量从1981年的3.25×10^9t增加到2008年的5.29×10^9t，增长了63%，而氮肥消费量已经从1981年的$1\ 118 \times 10^5$t（折纯，下同）增至2008年的$3\ 292 \times 10^5$t，增长了近2倍，中国占世界7%的耕地消耗了全球35%的氮肥。近30年（1980—2010年），"氮富集"现象在农田生态系统中日趋加剧，目前来自农业源氨排放的铵态氮沉降是氮素沉降的主体，占总沉降量的2/3左右，导致农田土壤显著酸化，也就是说氮肥过量施用是加速农田土壤酸化的首要原因。再生水灌溉和传统水肥管理势必加速设施农田土壤生态系统安全和可持续生产能力。

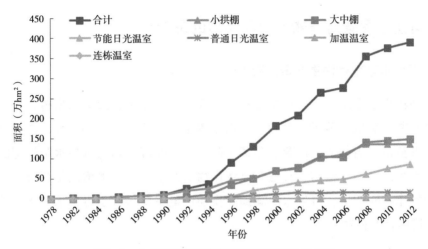

图1-2　全国不同类型设施蔬菜面积的变化情况

1.2　再生水灌溉研究进展

我国污水资源化利用研究起步于20世纪50年代末至60年代初，早期发展缓慢。21世纪以来再生水灌溉发展迅速。再生水灌溉90%以上集中在北方水资源严重短缺的黄淮海以及辽河流域，且主要集中在北方大、中城市的近郊区。再生水在一定条件下能够替代污水深度处理工艺，减轻了污水处理负担。因再生水水质受不同污水来源、地区、季节、处理工艺影响，再生水水质差异较大，再生水利用存在一定风险。再生水利用时也存在着土壤盐渍化风险、氮素地下水污染风险、重金属等痕量元素土壤累积风险、新型污染物地下水污染风险及病原菌传播人体健康风险等。另外，再生水灌溉风险的大小受再生水水质、灌溉土壤类型和灌溉方式等诸多因素的影响。长期再生水灌溉将给土壤带来一定的风险，土壤环境受到污染或者遭到破坏将影响土壤的生态功能。再生水用于灌溉的过程，土壤相当于一个深层净化处理系统，水中的养分和盐分进入土壤的同时，渗入土壤剖面的再生水也逐步被净化，但一旦排入土壤中的各种污染物质超过土壤的自净能力就会对土壤特性、作物生长和品质存在不良影响，甚至影响人类健康。再生水中含有丰富的氮、磷，易造成水体的富营养化、藻类的大量繁殖等危害。受再生水利用风险的影响，目前再生水在我国主要用于工业、园林绿化、农业灌溉、环卫等方面。

目前有关再生水灌溉研究可归纳为以下6个方面：一是再生水灌溉对作物产量和品质的影响；二是再生水灌溉对土壤氮素循环的影响；三是再生水灌溉对土壤酶活性动态变化的影响；四是再生水灌溉对土壤微生物群落结构的影响；五是再生水灌溉对土壤环境质量的影响；六是再生水利用的生态风险评估。

1.2.1 再生水灌溉对作物产量和品质的影响

1.2.1.1 再生水灌溉对作物产量的影响

国内外再生水灌溉对作物产量影响的对象包括农作物、蔬菜、果树、牧草等。再生水灌溉番茄、黄瓜、茄子、豆角、小白菜等平均增产7.4%～60.7%，亦有研究表明再生水灌溉莴苣、胡萝卜、白菜、芹菜、菠菜、橄榄等作物与常规水肥管理的产量相当；再生水灌溉提高了葡萄、甘蔗等经济作物的产量，也显著增加了苜蓿、白三叶等牧草和药材作物的产量；再生水灌溉提高作物产量主要得益于再生水中含有的丰富矿质营养和可溶性有机物。

1.2.1.2 再生水灌溉对作物品质的影响

国内外再生水灌溉对作物品质进行了广泛研究。已有研究结果表明，再生水灌溉提高了番茄、黄瓜果实中硝态氮的含量，显著降低了番茄果实中蛋白质、维生素C和有机酸含量，但对果实中可溶性总糖、可溶性固形物等品质指标影响并不明显，亦有研究结果表明再生水灌溉显著降低了葡萄中硝酸盐的含量，显著提高了葡萄蛋白质、维生素C、可溶性固形物和可溶性糖含量；再生水灌溉使小麦籽粒粗蛋白含量、面筋含量和密度均有所提高，但也有研究表明再生水灌溉小麦、玉米、大豆籽粒中粗蛋白、还原性维生素C较清水灌溉略有降低；甘蓝再生水灌溉试验表明，灌溉前期显著降低了甘蓝维生素C、粗蛋白和可溶性糖的含量，随着灌溉时间增加，在灌溉100d收获期时已无显著差异；再生水灌溉显著提高了小白菜可溶性糖含量，但也有研究结果表明，再生水灌溉对根菜、叶菜、果菜可溶性总糖、维生素C、粗蛋白、氨基酸、粗灰分、粗纤维等品质指标并未有明显提升；再生水灌溉对苜蓿、白三叶植株体内粗脂肪、粗蛋白含量略有提高，再生水灌溉饲用小黑麦则可显著增加小黑麦籽粒淀粉含量、籽粒与秸秆中的粗蛋白含量以及籽粒中铜、锌等微量元素含量；但均未造成番茄果实、葡萄、大豆、小麦、小白菜、苜蓿、白三叶中重金属Cr、Cd、Pb、Hg、As的累积，却增加了玉米、饲用小黑麦Pb、Cr含量。

1.2.2 再生水灌溉对土壤氮素循环的影响

氮肥在支撑和保障我国粮食安全方面具有不可替代的作用。氮肥施用保障了全球48%人口的食物需求，而中国依靠氮肥养活的人口比例则高达56%。值得注意的是，蔬菜施氮量远超平均水平，氮素损失严重。2009年统计资料显示，我国设施菜田的施氮量是全国平均值的2.4倍以上。影响土壤氮素损失的主要因素包括气态损失、植株收获和深层淋溶损失，氮素在土壤中的循环转化主要包括生物转化和化学转化两种形式（图1-3）。

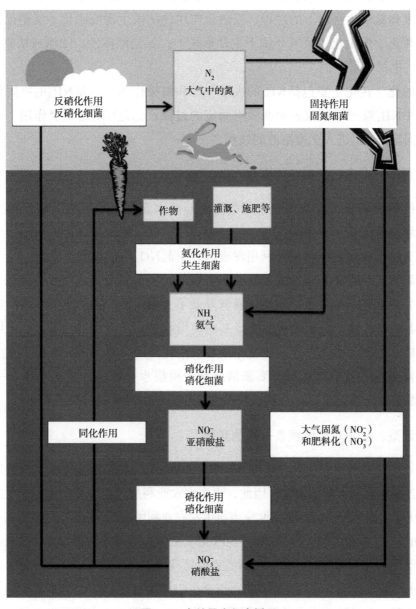

图1-3 自然界中氮素循环

氮素的生物转化主要包括同化作用、矿化作用、硝化作用、反硝化作用和氨挥发5种形式。一是同化作用是土壤微生物同化无机含氮化合物（NH_4^+、NO_3^-、NH_3、NO_2^-等），并将其转化为自身细胞和组织的过程，如土壤生物体的氨基酸、氨基糖、蛋白质、嘌呤、核糖核酸等有机态氮形态；二是矿化作用是土壤有机氮转化为无机氮的过程，复杂含氮有机物在微生物酶的催化作用下分解成简单氨基化合物，简单氨基化合物在微生物酶的进一步作用下分解成NH_4^+的过程；三是硝化作用是土壤中的NH_4^+在微生物酶的作用下转化成NO_3^-的过程；四是反硝化作用是土壤中NO_2^-、NO_3^-还原为气态氮（分子态氮和氮氧化合物）的过程，反硝化作用包括微生物反硝化（反硝化作用的主要形式）和化学反硝化（厌氧环境下主要形式）；五是氨挥发，土壤或植物中的NH_3释放到大气中的过程。

氮素的化学转化主要包括NH_4^+的吸附作用和解吸作用。一是NH_4^+的吸附作用，指土壤溶液中NH_4^+被土壤颗粒表面所吸附固定的过程；二是NH_4^+的解吸作用，指土壤颗粒所吸附固定的NH_4^+进入土壤溶液的过程。

1.2.2.1 灌溉对土壤氮素循环的影响

众多的研究表明，土壤中硝态氮的淋失与灌水量和土壤含水量密切相关，非灌溉期，土壤蒸发驱动土壤水分上移，NO_3^--N随之上移；灌溉期，NO_3^--N随土壤入渗而下移，当下移深度超过作物根层利用深度时，引起NO_3^--N的淋失。沟灌、小水勤灌和滴灌等灌溉方式对设施土壤NO_3^--N剖面分布表明，小水勤灌和滴灌显著降低了NO_3^--N的淋溶损失；尤其是再生水分根交替灌溉降低了土壤中NO_3^--N的淋失，并促进了下层土壤NO_3^--N向上迁移，显著提高土壤氮素的利用效率；随灌溉过程进行，土壤氮素转化的主要机制依次为氨化作用、硝化作用和反硝化作用，氮的淋失取决于水分渗漏，要减少氮淋失，首先应考虑调整灌溉措施减少根层水分渗漏；再生水作为一种"肥水"，灌溉后对土壤氮素循环过程，甚至淋失和深层渗漏更值得关注。

1.2.2.2 灌溉、施肥对土壤氮素循环的影响

二级处理典型再生水中总氮浓度介于10～20mg/L，如果未经特殊工艺处理，再生水中各种含氮化合物不易被去除，因此，再生水农业利用过程中提供了一定量的养分需求、减少化学肥料施用。2010年，北京市再生水农业利用达到3亿m^3，再生水农业利用节约近3 000t氮肥、500t磷肥，减少10%～50%化学肥料施用；特别是与清水灌溉相比，再生水灌溉促进根际土壤氮的矿化、提高氮素生物有效性，节肥9.30%～13.96%，同时，在适宜的水肥管理措施下，再生水灌溉可以减少CH_4和N_2O排放。也有研究表明，土壤中有机质、总碳、总氮随再生水灌溉年限增加而增加，长期再生水灌溉提高了土壤肥力，特别是含碳较高的再生水灌溉促进了土壤氮素矿化，进而提高了土壤活性氮库含量。

灌溉、施肥对土壤氮素矿化具有明显的激发效应，激发效应对土壤培肥具有重要意义，土壤氮素激发效应机制在于氮肥被微生物同化再矿化的过程，最终提高土壤氮素矿化速率并增加矿质氮的含量，进而有效降低氮的损失风险；但需注意，土壤氮素循环过程中，土壤中微生物（氨氧化细菌和异养微生物）存在对氮素的竞争作用，而竞争的结果可能降低土壤微域矿质氮含量；特别是在森林生态系统中，土壤水分提高14%、氮肥用量增加33%，显著降低了北方森林土壤CH_4吸收速率，这就意味着氮肥投入加速土壤有机质分解和CH_4排放，但科学的灌水和施肥组合可以有效降低土壤氮素向深层淋洗，增加根际土壤氮素有效性及土壤固碳。总而言之，氮肥投入对土壤氮素循环影响机制及其反馈还有很多没有解开的谜题。

1.2.2.3 土壤氮素迁移转化模拟研究

土壤氮素周转是生物地球化学过程中的重要环节之一，其研究从19世纪开始一直是土壤学、植物营养学的热点问题之一，模拟氮素循环过程对提高氮肥利用率、减轻或阻止环境污染风险、降低资源消耗等方面具有重要的理论和现实意义。早在20世纪80年代很多国内外专家学者构建了确定性机理模型、确定性函数模型和随机模型用于土壤氮素迁移转化模拟，并且建立了许多模型，如HYDRUS、RZWQM、LEACHM、GLEAMS、DAISY、DNDC、NLEAP、ENVIRO-GRO等（表1-1）；国内的许多专家学者也对不同情境下土壤氮素运移进行了模型构建和数值模拟研究。在众多专家学者研究的基础上，我们对土壤氮素循环转化过程的认知不断深入，同时，我们也清楚认识到，目前只有较少的土壤氮素循环模型在田间条件下得到比较充分的应用和验证，其原因包括：模型参数求解过程的不确定性、测定资料和氮素转化过程间相互作用的不确定性，此外，影响土壤氮素循环转化的因素很多，模型不可能考虑所有的影响因素且不能定量刻画转化过程的相互作用，有时只能用"黑箱"表示。近年来，随着土壤生物物理和数理统计理论的发展，土壤氮素循环模型出现了两大趋势，即理论模型对氮素转化机理刻画的细微化和准确性、应用模型对氮素转化过程刻画的简单化和易用性；特别是越来越多的土壤氮素循环更加强调生化反应间的相互关联，突出研究的尺度效应和系统性，如CERES-GIS、NLEAP-GIS、RZWQM-GIS，且CERES和RZWQM已形成了人机交互的知识系统。迄今为止，尽管数学模型的预报能力还很有限，但利用它作为科学管理和预测的工具，是土壤科学发展的必然趋势。

表1-1 土壤氮素循环模型简介

模型	模型简要描述
CANDY	该模型主要用于6类含氮有机物施用的环境效应评估。模型中将土壤有机氮分为3个组分库，用一级动力学方程模拟矿化、腐殖化过程；用土壤硝态氮和有机碳含量线性关系模拟反硝化过程；用米氏方程模拟硝化过程。

模型	模型简要描述
CENTURY	该模型主要用来模拟生态系统碳、氮和营养物质长期动态。用一级动力学方程模拟矿化和固定过程；植物氮素利用量受限于土壤供氮量和作物目标产量；假定氨挥发量为氮素矿化总量的5%。
CERES	该模型主要用来模拟作物的生长及其与之有关的过程。模型将土壤有机氮分为腐殖质库和新鲜有机残体库两个组分库。用一级动力学方程模拟矿化和固定、反硝化、氨挥发等转化过程；用米氏方程模拟硝化过程；可详细模拟作物氮素吸收利用过程。
DAISY	该模型主要用于评估有机肥等含氮化合物的施用对土壤生境的影响。模型以日为步长，可进行土壤氮素转化的动态模拟。模型将土壤有机氮分为6个组分库。用一级动力学方程模拟矿化和固定过程；用米氏方程模拟硝化过程；植物氮素利用量受限于土壤供氮量和作物目标产量；可简单模拟硝酸盐的淋失过程。
DNDC	该模型用于模拟土壤碳、氮动态和温室气体的排放，模拟有机碳、氮的矿化过程。模型将土壤有机氮分为3个组分库，由矿化作用产生的无机碳和氮，被输入硝化、生物同化及脱氮等子模型中，进而模拟有关微生物代谢产物的排放动态，包括CH_4、N_2O、NO、N_2等几种温室气体。
DrainMOD	该模型主要用于模拟外源施氮、作物固氮以及土壤质地对土壤氮素循环的影响。模型以日为时间步长，可模拟土壤中铵态氮、硝态氮的含量以及排水中铵态氮、硝态氮的浓度。
EPIC	该模型主要用于评估土壤耕作方式和水土流失对土壤可持续生产力的影响。模型将土壤有机氮分为3个组分库，其中的活性氮库是估算的。用一级动力学方程模拟土壤氮素矿化、固定、硝化、反硝化、氨挥发过程；植物氮素利用量取决于土壤供氮量和作物目标产量；可以简单模拟地表径流中氮的损失。
HYDRUS	该模型主要用于饱和多孔介质的水流和溶质运移。土壤氮素矿化过程采用零级动力学描述，土壤氮素固定作用和反硝化作用采用一级动力学描述，假定土壤氮素硝化速率远大于矿化速率，忽略了硝化作用的中间过程。
GLEAMS	该模型主要用于模拟不同农业管理措施对地下水环境的影响。模型将土壤有机氮分为3个组分库。用零级动力学方程模拟硝化过程；用一级动力学方程模拟土壤氮素矿化、生物同化、反硝化、氨挥发等过程；地表径流中氮的损失可简单模拟。
NCSOIL	该模型用于模拟土壤碳、氮循环过程，模型可同时模拟不同形态氮素去向。模型将土壤有机氮分为4个组分库。氮素的矿化和腐殖化过程用米氏方程模拟；硝化过程、反硝化过程用零级动力学方程模拟；作物生长对氮素利用过程用logistic曲线模拟。
NLEAP	该模型主要用于水环境评估，能与GIS结合。该模型以天为步长，适用于有机氮中长期模拟预测，可模拟硝酸盐的淋失。模型将土壤有机氮分为3个组分库。用零级动力学方程模拟硝化过程；用一级动力学方程模拟氮的固定、矿化、反硝化、氨挥发、硝酸盐淋失过程；用logistic曲线模拟作物氮素吸收。

模型	模型简要描述
NTRM	该模型主要用于评估土壤侵蚀对土壤生产力、作物产量和排水水质的影响，为经验模型。该模型适用于微区尺度氮素循环过程的定量研究，没有模拟温度、pH值环境因子对氮素转化过程的影响。该模型建立了矿化、固定、硝化、水解、硝酸盐淋失的回归方程；假定植物吸氮量与吸水量呈线性相关。
RZWQM	该模型主要用于模拟不同农业管理措施对水质和作物产量的影响。模型将土壤有机氮分为5个组分库。矿化和固定过程用一级动力学方程模拟，该方程包含微生物生化作用；反硝化过程、氨挥发过程用一级动力学方程模拟；用米氏方程模拟作物吸氮量；用零级动力学过程模拟硝化过程；该模型最大的特色是可以详细地模拟硝酸盐淋失过程。
SOILN	该模型主要用于氮肥施用对环境影响评估。将土壤有机氮分为3个组分库。土壤氮素反硝化过程用零级动力学方程模拟；土壤氮素矿化、腐殖化、硝化过程用一级动力学方程模拟；植物吸氮量、氨挥发过程和硝酸盐淋失过程用logistic方程模拟。
SUNDAIL	该模型主要用于评估土壤氮循环转化的土壤环境效应。模型以周为时间步长，适用于土壤氮素转化利用的中长期预测。模型将土壤有机氮分为3个组分库。土壤氮素矿化、腐殖化和硝化过程用一级动力学方程模拟；土壤反硝化过程用有机质分解产生CO_2量模拟；氨气挥发量用铵态肥施入量的线性关系模拟；用作物目标产量含氮量表示植物氮素吸收过程。

1.2.2.4　土壤氮转化的关键微生物过程

　　微生物驱动着土壤元素生物地球化学过程，而氮素循环是土壤元素生物地球化学循环的关键过程之一，其同化过程、矿化过程、氨化过程、硝化过程、反硝化过程均由微生物参与并驱动；硝化过程决定着氮素的生物有效性，是连接矿化过程与反硝化过程的中间环节，并且与土壤酸化、硝酸盐深层淋失及其引起的水体污染，甚至温室气体氧化亚氮释放及其引起的全球升温等一系列生态环境问题密切相关（图1-4）。硝化过程分为氨氧化过程和亚硝酸盐氧化过程。土壤生态系统中的氨氧化过程主要是由变形菌纲中氨氧化细菌、氨氧化古菌等共同作用，氨氧化古菌和氨氧化细菌在硝化作用中的重要性和相对贡献已成为近几年国际研究热点问题之一。反硝化作用是在多种微生物的参与下，硝酸盐通过四步还原反应，在硝酸盐还原酶、亚硝酸盐还原酶、一氧化氮还原酶以及一氧化二氮还原酶的作用下，最终被还原成氮气，并在中间过程释放强效应的温室气体N_2O。厌氧氨氧化是细菌在厌氧条件下以亚硝酸盐为电子受体将氨氧化为氮气的过程，主要由浮霉状菌目的细菌催化完成。由此可见，土壤氮素转化关键微生物过程与机理的研究正在逐步深入，反硝化作用和氨氧化作用产生的气态氮损失的动态过程已成为研究热点，此外通过土壤微生物定向调控土壤氮素转化过程将是未来研究的重点方向。

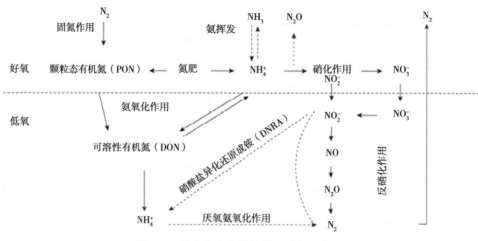

图1-4 微生物参与的氮循环过程示意图

1.2.3 再生水灌溉对土壤酶活性变化的影响

土壤酶活性与土壤肥力关系密切，土壤酶活性大小是评价土壤养分有效性的重要指标之一，同时，土壤酶也是由土壤微生物产生专一生物化学反应的生物催化剂，推动土壤的代谢过程。与清水相比，再生水中含有丰富的矿质元素和有机质，再生水灌溉会影响土壤酶活性。已有研究结果表明，与清水灌溉相比，连续5年再生水灌溉土壤中与C、N、P、S循环相关的酶活性提高了2.2~3.1倍，土壤蔗糖酶、磷酸酶的活性与再生水灌溉时间呈显著的正相关，李阳等（2015）的研究表明连续3年再生水灌溉土壤蔗糖酶、中性磷酸酶和碱性磷酸酶活性显著高于清水对照，再生水灌溉土壤脲酶和过氧化氢酶与对照处理差异并不明显，而土壤蔗糖酶、中性磷酸酶和碱性磷酸酶并未表现出显著的年际差异；冲洗甜菜及奶牛场沼液来源的再生水灌溉显著提高了土壤蔗糖酶、脲酶、中性磷酸酶、多酚氧化酶和过氧化氢酶的活性，追施氮肥辅以灌溉提高了土壤脲酶、淀粉酶的活性，降低了蔗糖酶和过氧化氢酶的活性；绿地再生水灌溉则表现为土壤脲酶、磷酸酶、蔗糖酶、脱氢酶、过氧化氢酶活性均高于清水对照，亦有的研究表明，再生水灌溉对酶活性并无显著影响；此外，滴灌较沟灌具有明显的比较优势，显著提高了土壤脱氢酶、碱性磷酸酶和β-葡萄糖苷酶的活性。土壤酶活性受到再生水水质、施肥、土壤通气性、土壤pH值、土壤电导率（EC）、有机质（OM）、微生物、土壤养分、重金属含量等因素的影响。再生水灌溉对土壤酶活性的影响目前尚无定论，特别是长期再生水灌溉对土壤酶活性的影响仍需持续科学研究。

脲酶能酶促尿素生成氨、二氧化碳和水。脲酶的水解反应如下：

$$（NH_2）_2CO \xrightarrow{脲酶+H_2O} NH_3+NH_2COOH \xrightarrow{尿酶+H_2O} 2NH_3+CO_2$$

淀粉酶能催化蔗糖水解成为果糖和葡萄糖，它的酶促反应如下：

$$C_{12}H_{12}O_{11} \xrightarrow{\text{蔗糖酶}+H_2O} C_6H_{12}O_6（葡萄糖）+C_6H_{12}O_6（果糖）$$

过氧化氢酶能酶促土壤有机质氧化成醌，它也是参与合成腐殖质的一种氧化酶，它的酶促反应如下：

$$H_2O_2+H_2O \xrightarrow{\text{过氧化氢酶}} O_2+H_2O$$

$$H_2O_2+C_6H_4(OH)_2 \xrightarrow{\text{过氧化氢酶}} C_6H_4O_2+2H_2O$$

1.2.4　再生水灌溉对土壤微生物群落结构的影响

土壤微生物是土壤生态系统的重要组成部分，几乎直接或间接参与所有土壤生化过程，是稳定态养分转变成有效养分的催化剂，土壤微生物群落结构也是评价再生水灌溉下环境健康的重要指标之一。盆栽大豆再生水灌溉试验表明，再生水灌溉提高了土壤细菌、放线菌的数量，此外，再生水灌溉促进了草坪根际微生物数量的增加，具体表现为优势类群及亚优势类群多度增加，从而增加了微生物群落多样性，短期再生水灌溉绿地土壤细菌、真菌和放线菌数量均有增加趋势；生活污水灌溉促进了土壤细菌、真菌、放线菌、固氮微生物、亚硝化细菌、硝化细菌、反硝化细菌、解磷微生物菌生长，从而增加土壤微生物丰度；田间小区玉米及设施茄子地表滴灌显著增加了苗期土壤细菌、放线菌和真菌数量及灌浆成熟期真菌数量，盆栽玉米轻度水分亏缺灌溉有效地改善了土壤的水分和通气条件，从而促进土壤细菌、放线菌的生长，但也有研究结果表明节水灌溉方式一定程度上降低了土壤基础呼吸和土壤微生物量氮，水分亏缺可能抑制土壤微生物群落结构并降低土壤微生物活性；不同石油类污水灌溉年限土壤调查结果表明，污水灌溉提高了土壤微生物生物量碳、氮含量，微生物生物量的增加一定程度加快了土壤碳、氮周转速率和循环速率。

土壤微生物数量与土壤种类、作物种植类型和土壤肥力等密切相关，提高土壤微生物数量可以促进矿质养分增加、提升土壤肥力和养分生物有效性，而土壤微生物与根系交互作用，进一步促进了根际细菌生长，刺激了作物对根际土壤氮、磷吸收，但是微生物和植物对土壤养分吸收利用存在竞争关系，尤其是作物生长关键阶段需要从土壤中吸收大量的矿质养分，致使土壤中的有效养分含量降低。因此，土壤微生物在维持土壤矿质养分供应方面具有重要调节作用，但如何改善土壤微生物群落结构和功能，特别是有关土壤碳、氮循环功能微生物的扩增机制相关研究鲜有报道。

1.2.5 再生水灌溉对土壤环境质量的影响

1.2.5.1 再生水灌溉对土壤物理性质的影响

再生水灌溉影响土壤团粒结构、孔隙度、渗透性能、斥水性、紧实度、密度、土壤含水率等土壤物理性质。已有的研究认为再生水中悬浮物、有机物的输入等是土壤密度增加的主要原因，致使土壤孔隙率降低，尤其是Na^+的输入会导致孔隙度降低，因此，再生水水质和灌溉方式等因素可能会增加土壤密度，但也有研究表明再生水灌溉增加了土壤孔隙度，截至目前再生水灌溉对土壤密度、孔隙度、颗粒组成或微团聚体结构组成的影响尚无定论。此外，再生水灌溉会增加土壤田间持水量、斥水性，使土壤导水率和水力传导度降低，进而导致土壤颗粒膨胀和团聚体分散，但也有研究表明再生水中矿质营养的输入，会提高土壤微生物数量和生物活性，进而促进土壤团粒结构的形成。因此，再生水灌溉对土壤物理性质影响受限于再生水水质、土壤类型等因素，还需进一步系统研究和归纳总结再生水灌溉对不同类型土壤物理性质的影响。

1.2.5.2 再生水灌溉对土壤化学性质的影响

再生水灌溉对土壤化学性质的影响主要包括土壤pH值、EC及离子组成、土壤肥力和重金属累积等方面。长期再生水灌溉可能导致土壤pH值下降，进而降低土壤养分有效性；大量研究表明长期再生水灌溉明显提高了土壤EC，土壤EC的增加可能导致土壤次生盐渍化和土壤退化及作物盐分胁迫；与清水相比，再生水中全氮、有机物的浓度明显较高，长期再生水灌溉显著增加土壤全氮、矿质氮和有机质的含量，从而提高了土壤肥力、减少化肥施用；特别需要注意的是，由于再生水水源组成复杂，再生水水质差异较大，已有研究证实再生水灌溉可能导致Cd、Cr、Pb、Zn等典型重金属在根层土壤中的累积。近年来，再生水灌区土壤持久性有机物（POPs）、医药品及个人护理品（PPCPs）等有机污染物残留有明显上升趋势屡有报道。目前，再生水灌溉对土壤化学性质的影响，取决于再生水水质及污染物降解特征，亟须开展再生水水质长期监测和灌溉潜在风险评估。

1.2.6 再生水利用的生态风险评估

1.2.6.1 再生水利用的作物生态风险评估

再生水利用不仅仅解决水资源紧缺的问题，在一些地区也被作为一种废水处理技术，美国佛罗里达州再生水灌溉柑橘试验表明，大定额再生水灌溉促进了柑橘生长和果实产量，仅仅降低了果汁中可溶性固形物的浓度，但与400mm灌溉等额相比，每公顷总可溶性固形物却提高了15.5%，自1992年开始再生水已作为重要替代水源在美国佛罗里达州和加利福尼亚州进行应用，再生水的节肥增产效应促进了再生水农业利用的快速发展。再生水利用的作物生态风险主要来自再生水处理不达标、再生水中有毒有害物质（盐分、痕量重金属、持久性有机污染物、新型污染物等）的环境负反馈，抑制作物生长、叶片发黄甚至死亡，进而通过植被根系进入植株体，并在果实中累积。已开展的再生水利用的作物生态风险评估结果显示，短期再生水灌溉增加了植物叶片和果实中重金属含量，但未超过相关安全标准。

1.2.6.2 再生水利用的健康风险评估

再生水利用的健康风险评估通常采用1983年美国国家科学院公布的四步法，即危害鉴别、暴露评价、剂量反应分析、风险评定。Tanaka等（1998）运用微生物定量风险评估的方法评估了加利福尼亚州的4个二级污水处理厂的再生水用于高尔夫球场和食用作物灌溉时被感染的风险，结果表明当再生水用于食用作物灌溉时加氯量不低于5mg/L即可使其可靠性达100%，而用于高尔夫球场灌溉，加氯量需达10mg/L才可保证其安全性，特别是三级处理再生水中病原菌均为检出或检出限极低，三级处理再生水灌溉食品中沙门氏菌、环孢子虫、大肠杆菌均未检出。除病原微生物外，再生水中PPCPs具有生物富集特征，长期再生水灌溉会污染土壤，甚至生物二次浓缩，进入食物链、从而带来健康风险。部分再生水中含有挥发性有机污染物多达20余种，如1,1,2-三氯乙烷、三氯甲烷、三甲基苯、四氯乙烯和甲苯等芳香烃、卤代烃物质，灌溉草坪后的暴露评价表明有潜在健康风险。此外，不同学者针对再生水中的内分泌激素、内毒素、多环芳烃、壬基酚、塑化剂等也开展了健康风险研究，研究结果显示再生水用于灌溉时，这些污染物的健康风险均处于可接受水平。

1.2.7 再生水灌溉研究发展趋势

再生水是城市污水经适当再生工艺处理后，达到一定水质要求，满足某种使用功能要求，可以进行有益使用的水。从《城市污水再生利用 农田灌溉用水水质》（GB 20922—2007）、《城市污水再生回灌农田安全技术规范》（GB/T 22103—2008）中农业用水控制项目和指标限值可以看出，再生水中除了含有矿质养分、有机质，还可能含有一定量的痕量元素和盐基离子。因此，农业再生水利用是解决当前水资源紧缺的重要抓手。国内外针对再生水灌溉开展了大量研究，如再生水灌溉提质增效、节肥机制、土壤微环境的调控和土壤生态风险评估等，再生水回用农业或绿地还存在一定不确定性和潜在风险，与常规灌溉水相比，再生水中痕量污染物、盐基离子和可溶性有机物等输入，可能改变土壤理化性状和微生物结构，影响土壤系统物质和能量迁移转化，进而导致土壤安全及其生境健康风险。特别是设施农业长期处于高集约化、高复种指数、高肥高水、高温、高湿的生产状态下，主要养分利用率仅为30%左右，再生水回用设施农业更应慎之又慎。

针对我国国情，在国内外研究基础上，需要进一步研究再生水灌溉对设施土壤氮素演变特征影响，明确土壤氮素在再生水灌溉和外源施氮下的周转过程和规律；研究再生水灌溉下土壤指示酶活性演变特征及其趋势；研究再生水灌溉下土壤微生物群落结构的演替特征，并探明再生水灌溉下功能微生物种群相对丰度和多样性变化；利用数学统计模型，构建再生水灌溉土壤氮素矿化耦合模型；研究再生水灌溉对作物产量、品质和氮肥利用效率的影响，提出适宜再生水灌溉设施农田氮肥追施模式；研究再生水灌溉对设施生境的影响，评估其关键风险因子、输入途径和风险商数。

1.3 研究内容与技术路线

1.3.1 研究内容

主要研究再生水灌溉对土壤氮素形态和组成特征、土壤氮素转化关键酶活性演变特征及土壤微生物群落、番茄和马铃薯产量和品质的影响，分析了番茄、马铃薯氮素利用效率，探讨了番茄和马铃薯品质对再生水灌溉的响应特征；开展了再生水灌溉土壤氮素矿化过程模拟研究；开展了再生水灌溉对土壤pH值、EC、Cd、Cr、Cu、Zn、有机质（OM）的影响及其趋势研究；应用暴露风险评估模型评估了再生水灌溉的生境健康风险。

1.3.2 技术路线

根据研究目的和研究内容，采用田间微区与定位试验、室内培养试验和数学模拟相结合的方法，以粮食类（冬小麦、夏玉米）和蔬菜类（马铃薯、番茄、小白菜）作物为研究对象，以再生水灌溉作物—土壤—地下水系统为主要载体，研究再生水灌溉对粮食和蔬菜作物—土壤氮素迁移转化特征、土壤关键酶活性和土壤微生物群落结构的影响，再生水灌溉土壤氮素矿化动态及其过程模拟，再生水灌溉对典型作物产量与品质的影响，以及再生水灌溉对设施生态环境效应评估，以期为黄淮海集约化农区、干旱半干旱区再生水农业安全利用提供科学依据和实践参考。技术路线详见图1-5。

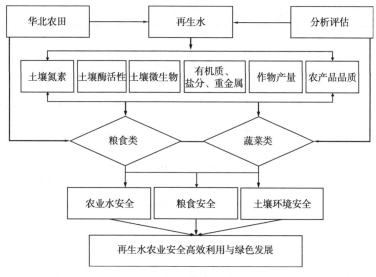

图1-5 技术路线

1.3.3 研究区概况

试验在中国农业科学院农田灌溉研究所作物需水量试验场和中国农业科学院新乡农业水土环境野外科学观测试验站进行。试验场地理坐标为北纬35°19′7″~35°19′9″、东经113°53′44″~113°53′52″，高程72.5m。多年平均气温14.1℃，无霜期210多天，日照时数2 398.8h。多年平均降水量588.8mm，降水主要集中在7—9月，多年平均蒸发量2 000mm。供试土壤为沙壤土，试验地土壤干容重及土壤质地见表1-2。

表1-2 试验站0~100cm土壤的物理性状

土层深度（cm）	各粒级所占百分数（%）			pH值	全氮（g/kg）	全磷（g/kg）	有机质（g/kg）	土壤质地	干容重（g/cm³）
	0.02~2mm	0.002~0.02mm	<0.002mm						
0~20	27.88	54.77	17.35	8.00	0.95	1.16	19.90	粉沙黏壤	1.40
20~40	24.99	58.29	16.72	8.05	0.46	0.58	9.90	粉沙黏壤	1.42
40~60	26.57	57.06	16.37	8.10	0.39	0.52	8.60	粉沙黏壤	1.44
60~80	30.22	53.18	16.60	8.00	0.26	0.36	8.00	粉沙黏壤	1.42
80~100	22.04	62.44	15.52	7.90	0.24	0.30	7.30	粉壤	1.49

再生水取自试验站附近的污水处理厂，污水的来源主要为城市生活污水，污水处理工艺为A²/O（厌氧/缺氧/好氧）法，排放标准为国家一级A标准，日处理能力15万m³。二级出水水质详见表1-3所示，试验站建有专门蓄水调节池，对水质进行标准化处理。

表1-3 灌水水质和国家标准对比分析

监测项目	硝态氮 (mg/L)	铵态氮 (mg/L)	全氮 (mg/L)	全磷 (mg/L)	总镉 (μg/L)	六价铬 (μg/L)	化学需氧量 (mg/L)	pH值	溶解性总固体 (g/L)
清水	2.00	0.80	3.90	2.85	0.64	6.40	7.80	7.60	1.20
再生水	20.60	11.00	45.40	2.96	3.35	20.00	14.00	7.40	1.70
农田灌溉水质标准	—	—	—	—	10	100	200[a]、100[b]、60[c]	5.5~8.5	1~2
再生水水质标准	—	—	—	—	10	100	90	5.5~8.5	—
地表水环境质量标准	—	2.0	2.0	0.4	10	100	15	6~9	—
地下水质量标准	30	1.5	—	—	10	100	10	5.5~9	2
城市污水再生利用农田灌溉用水水质	—	—	—	—	10	100	100	5.5~8.5	1

注：表中标准分别对应《农田灌溉水质标准》（GB 5084—2021）、《再生水水质标准》（SL 368—2006）、《城市污水再生利用 农田灌溉用水水质》（GB 20922—2007）、《地表水环境质量标准》（GB 3838—2002）、《地下水质量标准》（GB/T 14848—2017）中水质限值（适用于露地蔬菜的标准限值）。a为旱地作物；b为加工、烹调及去皮蔬菜；c为生食类蔬菜、瓜类和草本水果。

2 再生水灌溉对粮食作物生长及品质影响测桶试验

试验在中国农业科学院农田灌溉研究所作物需水量试验场防雨棚测桶内进行。多年平均气温14.1℃，无霜期210多天，日照时数2 398.8h。多年平均降水量588.8mm，年降水量变化较大，丰水年与枯水年相差3～4倍，且降水年内分配不均，7—9月降水量占全年降水量的70%左右；多年平均蒸发量2 000mm。试验场内有气象资料自动采集设备和大型防雨棚设施。

2.1 试验设计

2.1.1 冬小麦再生水灌溉测桶试验

冬小麦再生水灌溉试验在试验场测桶内进行，测桶深度1.1m，横截面规格0.4m×0.4m，试验土壤为粉沙壤土，土壤容重0～40cm土层1.44g/cm³，40～100cm土层1.42g/cm³，田间持水量24%（质量含水率）。

试验设灌溉水质和灌水量两因素，灌溉水质设污水（经过滤和沉淀后的生活污水）、稀释1/2污水（污水经清水稀释一半）、再生水（污水处理厂二级处理水）和清水（地下水）4个水平；灌水量设高（灌水定额1 200m³/hm²）和低（灌水定额900m³/hm²）两个水平。试验采取随机区组设计，3次重复。

冬小麦供试品种为百农66，播种和收获日期分别为2006年10月4日和2007年5月27日。试验期间对冬小麦进行了3次灌溉，灌水日期分别为2007年3月18日、4月15日和5月9日。试验用肥料为尿素（含N 46.3%）和磷酸一铵（含P₂O₅ 44%、含N 11%），施肥量为纯氮300kg/hm²、纯磷225kg/hm²。磷酸一铵作为底肥一次施入，尿素以底肥和追肥两种方式施入，其中尿素底肥施用量以保证底肥N占全生育期总施N量的50%为宜。底肥播前施入，追肥于冬小麦返青后（2007年3月18日）结合灌水施入。

2.1.2 夏玉米再生水灌溉测桶试验

夏玉米再生水灌溉试验设计同冬小麦。夏玉米供试品种为新单23，播种和收获日期分别为2007年6月14日和9月27日。全生育期夏玉米共灌水5次，灌水日期分别为2007年6月23日、7月22日、8月11日、8月22日、9月4日，为防止再生水中有害成分对玉米种子的毒害作用而影响出苗，播前水采用清水（地下水）灌溉。试验用肥料及施肥情况同冬小麦，追肥于8月11日结合灌水施入。

2.2 试验观测内容与方法

2.2.1 土壤水分

土壤水分含量采用张力计法（Tensiometer）测定，陶土头埋设深度分别为0～10cm、10～20cm、20～30cm、30～40cm、40～60cm、60～80cm、80～100cm。土壤负压测定周期为每10d一次。

2.2.2 土壤铵态氮（NH_4^+–N）、硝态氮（NO_3^-–N）含量

分别于灌水后当日（24h以内）、第2天、第3天、第5天、第10天分层取鲜土样，测定土壤NH_4^+-N和NO_3^--N含量，取土层次与深度同土壤水分观测。

土壤NH_4^+-N采用靛酚蓝比色法（722型光栅分光光度计）测定。首先配制一定浓度的KCl溶液，然后用2mol/L的KCl溶液浸提吸附在土壤胶体上的NH_4^+-N及水溶性NH_4^+-N。由于土壤浸出液中的NH_4^+-N在强碱性介质中与次氯酸盐和苯酚作用，生成颜色稳定的水溶性染料靛酚蓝，而在含氮0.05～0.5mg/L范围内，吸光度与NH_4^+-N含量成正比，因此，用比色法可以测定土壤中NH_4^+-N含量。

土壤中NO_3^--N采用硝酸根电极法测定。称取20g鲜土样，加入2% K_2SO_4溶液100mL，振荡0.5h，静置2h，取上清液测定土壤中NO_3^--N含量。

2.2.3 土壤电导率（EC）及离子浓度

土壤电导率（EC）采用电导法测定。由于土壤水溶性盐是强电解质，其水溶液具有导电作用，在一定浓度范围内，溶液的含盐量与电导率呈正相关，因此通过测定待测液电导率的高低即可测出土壤水溶性盐含量。土壤浸出液的电导率可用电导仪测定，并可直接用电导率的数值来表示土壤含盐量的高低。

K^+和Na^+采用火焰光度法测定。火焰光度法原理是基于将配制过的土壤溶液水样喷入高温火焰中，使原子受激成为激发态，当它回到基态时产生光辐射，其辐射强度与待测K、Na元素的浓度在一定的范围内成正比，通过将火焰燃烧激发而放出的谱线

用火焰光度计测定出来，以确定土壤溶液中的K^+和Na^+含量。

Ca^{2+}和Mg^{2+}采用EDTA滴定法测定。EDTA能与许多金属离子起配合反应，形成微离解的无色稳定性配合物。在土壤水溶液中除Ca^{2+}和Mg^{2+}外，能与EDTA配合的其他金属离子的数量极少，可不考虑。因而可用EDTA在pH值为10时直接测定Ca^{2+}和Mg^{2+}的数量。参见《水质　钙的测定　EDTA滴定法》（GB 7476—1987）和《水质　钙和镁总量的测定　EDTA滴定法》（GB 7477—1987）。

2.2.4　作物生理指标及测产

定期记录作物生长发育状况，若遇到病虫害、倒伏等情况，随时记录。每隔7d定植株测定株高、叶面积，叶面积测量采用长×宽系数法，直至叶面积和株高基本不再变化时停止测量。冬小麦成熟收获后测产考种，主要测定项目为每穗穗长、不孕穗、小穗数和籽粒千粒重。夏玉米成熟收获后测产考种，主要测定项目为籽粒穗长、穗粒数、百粒重、穗粒重和轴重。

2.2.5　灌溉水质指标

每次灌水前随机取水样，进行EC、NH_4^+-N、NO_3^--N以及K^+、Na^+、Ca^{2+}、Mg^{2+}等测定。水样中EC采用电导法，NH_4^+-N采用靛酚蓝比色法，NO_3^--N采用硝酸根电极法，K^+和Na^+采用火焰光度法，Ca^{2+}和Mg^{2+}采用EDTA滴定法测定。各次灌溉用水化学成分见表2-1。

表2-1　灌溉用水化学成分及含量

灌水日期 （年-月-日）	灌水水质	化学成分及浓度						
		K^+ （mg/L）	Na^+ （mg/L）	Ca^{2+} （mg/L）	Mg^{2+} （mg/L）	EC （dS/m）	NH_4^+-N （mg/L）	NO_3^--N （mg/L）
2007-3-18	污水	27.00	345.72	104.20	54.84	2.05	13.68	4.04
	稀释1/2污水	20.00	318.13	113.45	65.85	1.77	14.86	10.14
	再生水	13.00	758.16	91.01	65.43	2.54	16.72	4.62
	清水	2.00	173.51	114.20	70.21	2.48	0.46	17.71
2007-4-15	污水	28.00	345.77	111.61	61.82	1.85	29.89	11.52
	稀释1/2污水	19.00	514.62	114.40	70.12	1.47	20.91	9.24
	再生水	13.00	728.82	80.82	47.93	1.69	16.27	10.12
	清水	1.70	181.56	115.24	71.92	1.42	—	9.00

（续表）

灌水日期 （年-月-日）	灌水水质	化学成分及浓度						
		K^+ （mg/L）	Na^+ （mg/L）	Ca^{2+} （mg/L）	Mg^{2+} （mg/L）	EC （dS/m）	NH_4^+-N （mg/L）	NO_3^--N （mg/L）
2007-5-9	污水	22.00	210.62	93.40	49.42	1.32	35.45	54.31
	稀释1/2污水	11.00	224.31	102.61	70.84	1.56	24.81	45.52
	再生水	13.00	700.82	63.01	77.22	1.65	0.74	75.44
	清水	1.50	190.89	91.08	57.60	1.51	—	38.41
2007-6-23	污水	29.00	355.82	108.20	56.80	2.35	14.64	4.07
	稀释1/2污水	22.00	318.93	116.40	68.80	1.86	16.46	10.34
	再生水	14.60	768.96	93.00	68.40	2.62	18.72	4.66
	清水	2.00	179.54	124.20	72.20	2.53	0.36	19.78
2007-7-22	污水	30.00	362.75	121.60	63.84	2.05	32.81	11.62
	稀释1/2污水	20.00	524.64	124.80	71.52	1.77	21.99	9.25
	再生水	14.00	740.81	88.80	49.92	1.89	17.25	11.57
	清水	1.80	186.66	123.20	73.92	1.52	—	9.00
2007-8-11	污水	23.00	214.67	94.40	49.92	1.32	36.45	57.34
	稀释1/2污水	12.00	229.34	105.60	71.04	1.66	24.91	42.51
	再生水	14.00	704.81	64.00	78.24	1.75	0.73	79.49
	清水	1.20	194.88	92.00	57.60	1.50	—	37.44
2007-8-22	污水	36.00	344.52	103.20	62.40	2.06	28.07	21.08
	稀释1/2污水	24.00	292.49	102.40	58.08	1.92	25.88	12.62
	再生水	14.00	854.02	103.20	63.84	1.98	7.29	17.42
	清水	6.00	147.98	103.20	57.12	1.26	—	10.53
2007-9-4	污水	33.00	353.58	80.80	70.08	1.63	59.78	10.23
	稀释1/2污水	24.00	326.73	105.60	72.48	1.52	51.28	8.57
	再生水	16.80	777.67	99.20	72.96	1.55	3.23	74.94
	清水	2.00	481.50	164.00	123.36	1.68	—	6.45

注：表中"—"表示未检出。

2.2.6　作物籽粒品质指标

作物收获后测定籽粒蛋白质、淀粉及N、P、K含量，蛋白质、淀粉测定分别参见《食品安全国家标准　食品中蛋白质的测定》（GB 5009.5—2016）和《食品安全国家标准　食品中淀粉的测定》（GB 5009.9—2016），籽粒中N、P、K含量测定分别参见《食品安全国家标准　食品中亚硝酸盐与硝酸盐的测定》（GB/T 5009.33—2016）、《食品安全国家标准　食品中磷的测定》（GB/T 5009.87—2016）和《食品安全国家标准　食品中钾、钠的测定》（GB/T 5009.91—2017）。

2.3　再生水灌溉对冬小麦氮、磷、钾吸收及产量的影响

2.3.1　再生水灌溉对冬小麦氮、磷、钾吸收的影响

N、P、K是植物营养的三大要素，作物对N、P、K的摄取直接影响着作物的生长发育和品质。不同处理冬小麦籽粒中N、P、K含量分析结果见图2-1。

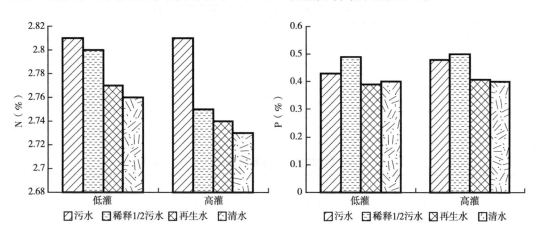

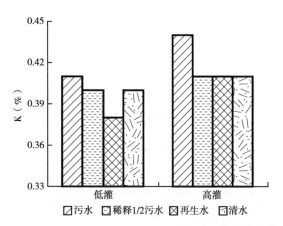

图2-1　冬小麦籽粒中N、P、K含量

由图2-1可以看出，相同灌水定额、不同灌水水质处理中，小麦籽粒中N含量为污水>稀释1/2污水>再生水>清水，且污水处理中N含量要明显高于其他处理，这是由于污水为生活污水，其中N含量较高的缘故，同时也表明，在一定范围内时，供N越多，籽粒中N含量越高。相同灌水定额，污水处理小麦籽粒中K含量相对较高，稀释1/2污水处理小麦籽粒中P含量较高。污水低灌处理小麦籽粒中N、P、K含量较清水低灌处理分别提高1.99%、7.5%、2.5%；污水高灌处理小麦籽粒中N、P、K含量较清水高灌处理分别提高2.67%、20.0%、7.3%；稀释1/2污水低灌处理小麦籽粒中N、P含量较清水低灌处理分别提高1.40%、22.50%；稀释1/2污水高灌处理小麦籽粒中N、P含量较清水高灌处理分别提高0.70%、25.00%。稀释1/2污水和再生水灌溉，高灌水水平和低灌水水平小麦籽粒中K含量差别不大，但是稀释1/2污水灌溉却明显地提高了P的含量。再生水低灌与清水低灌处理相比，略提高了籽粒中N的含量，却降低了籽粒中P、K的含量；再生水高灌与清水高灌处理相比，小麦籽粒中N、P含量略有提高。

不同处理方差分析结果见表2-2至表2-4。

表2-2　冬小麦籽粒中N、P、K含量的方差分析

差异源	F_N	F_P	F_K	$F_{0.05}$
灌水量	11.42	3.43	12	10.13
水质	13.38	18.36	4.75	9.28

表2-3　不同处理组合全N的显著性测验（Duncan）

处理组合	平均值
污水低灌	2.813aA
污水高灌	2.806aAB
稀释1/2污水低灌	2.795abAB
再生水低灌	2.766bAB
清水低灌	2.758bcAB
稀释1/2污水高灌	2.750cB
再生水高灌	2.736cB
清水高灌	2.733cB

注：在方差分析处理间差异显著的基础上进行多重比较，表中小写字母表示在0.05水平显著，大写字母表示在0.01水平显著。数字后不同字母表示数字差异达显著水平，下同。

表2-4 不同处理组合全P的显著性测验（Duncan）

处理组合（低灌）	平均值	处理组合（高灌）	平均值
稀释1/2污水低灌	0.49aA	稀释1/2污水高灌	0.50aA
污水低灌	0.43bAB	污水高灌	0.48aAB
清水低灌	0.40bAB	再生水高灌	0.41bAB
再生水低灌	0.39bB	清水高灌	0.40bB

各处理组合全N平均数的多重比较结果表明，污水低灌处理、污水高灌处理小麦籽粒含N量显著高于再生水低灌处理、清水低灌处理、稀释1/2污水高灌处理、再生水高灌处理、清水高灌处理，污水低灌处理小麦籽粒含N量显著高于稀释1/2污水高灌处理、再生水高灌处理和清水高灌处理。

各处理组合全P平均数的多重比较结果表明，低灌水水平时，稀释1/2污水灌溉与污水灌溉、清水灌溉、再生水灌溉处理之间差异显著，且稀释1/2污水低灌处理与再生水低灌处理之间差异极显著；高灌水水平时，稀释1/2污水和污水处理差异不显著，这两种水质灌溉与再生水高灌处理和清水高灌处理差异显著，稀释1/2污水高灌处理与清水高灌处理之间差异极显著。

2.3.2　再生水灌溉对冬小麦产量的影响

不同处理冬小麦产量见表2-5。

表2-5 不同处理冬小麦产量（单位：kg/hm^2）

处理	清水（对照）	再生水	稀释1/2污水	污水
低灌水水平	5 250.03	5 310.51	5 752.50	5 917.51
高灌水水平	5 647.50	5 767.50	5 932.55	6 337.50

由表2-5可以看出，低灌水水平下，污水、稀释1/2污水和再生水处理与清水灌溉处理相比冬小麦分别增产12.71%、9.57%和1.14%；高灌水水平，污水、稀释1/2污水和再生水处理与清水灌溉处理相比冬小麦分别增产12.22%、5.05%和2.12%；当灌水水质相同时，高灌水水平处理冬小麦产量大于相应低灌水水平处理。

经方差分析表明（表2-6），在$a=0.05$的检验水平上，灌水水平和灌水水质对冬小麦产量影响显著，表明在一定的灌水定额范围内，产量均随水分增多而增加，此外，当灌水定额增加时，随灌溉水进入土壤中的养分增多，作物可吸收更多的养分，也有利于产量的提高。

表2-6　不同处理组合冬小麦产量的显著性测验（Duncan）

处理组合	产量（kg/hm²）
污水高灌	6 337.5aA
稀释1/2污水高灌	5 932.55bAB
污水低灌	5 917.51bAB
再生水高灌	5 767.5bBC
稀释1/2污水低灌	5 752.5bBC
清水高灌	5 647.5bBC
再生水低灌	5 310.51cC
清水低灌	5 250.03cC

不同处理多重比较表明，污水高灌处理冬小麦的产量显著高于稀释1/2污水高灌处理、污水低灌处理、再生水高灌处理、稀释1/2污水低灌处理、清水高灌处理，而它们又同时显著高于再生水低灌处理和清水低灌处理；污水高灌处理冬小麦的产量极显著高于清水高灌处理和清水低灌处理；污水高灌处理在$a=0.01$水平与稀释1/2污水高灌处理和污水低灌处理差异不显著；这表明污水灌溉具有一定的增产效果。

2.4　再生水灌溉对夏玉米生长发育及产量影响

2.4.1　再生水灌溉对夏玉米叶面积及株高的影响

叶面积是作物进行光合作用、蒸腾作用等生理过程的主要器官，叶面积的大小影响着蒸腾的多少，直接影响作物光合面积的大小，最终影响作物的产量，叶面积是用来表征作物生长量的重要指标，也是衡量作物个体和群体生长发育好坏的重要指标之一。

相同灌水水质不同灌水水平对夏玉米株高、叶面积影响情况见图2-2和图2-3。

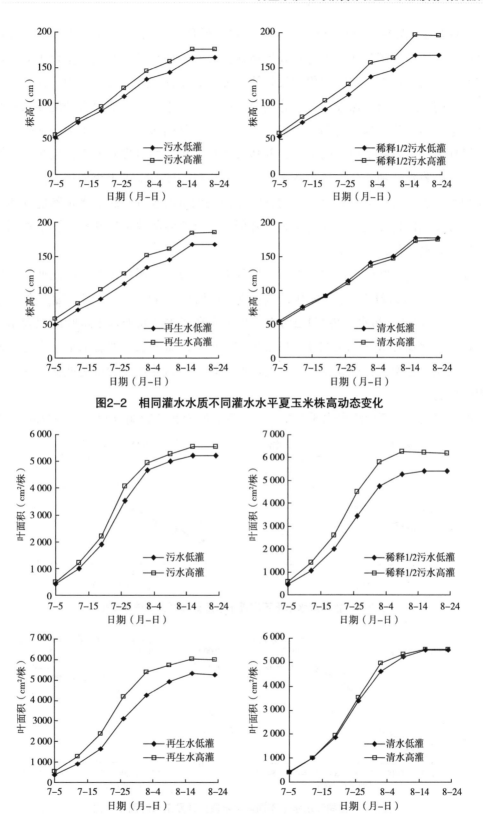

图2-2 相同灌水水质不同灌水水平夏玉米株高动态变化

图2-3 不同处理夏玉米叶面积动态变化

由图2-2、图2-3可以看出，无论是污水、稀释1/2污水，还是再生水灌溉处理，生育前期高灌水定额和低灌水定额处理植株株高和叶面积差异不大，生育中后期高灌水定额处理的植株株高和叶面积增长较快，显著高于其相应的低灌处理。这有可能是因为生长前期，玉米植株较小对水分的要求较低，在生育中后期对水分的要求较高，低灌水定额不能为玉米株高和叶面积的生长提供充足的水分，使玉米的一部分根系处于干燥环境中，限制了根系的发育，并造成了根系机能的丧失和死亡，玉米由于不能充分有效吸收水分和养分，从而减缓了玉米的生长，而且玉米生育期气温高，土柱试验面积小，土壤表面蒸发和植株蒸腾都需要消耗大量的水分。高灌水定额能够使土壤中的盐分长期保持在较为稀释的状态，降低了土壤溶液的渗透压和离子胁迫作用，有利于根系对水分和养分的吸收。

夏玉米株高、叶面积达到最大时不同处理对比分析表明，污水高灌比低灌处理株高增加6.53%，稀释1/2污水高灌比低灌处理株高增加16.43%，再生水高灌比低灌处理株高增加10.73%；污水、稀释1/2污水、再生水和清水高灌处理玉米叶面积较相应低灌处理分别增加5.98%、14.83%、13.87%和0.69%；而清水两种灌水水平生育末期株高相差无几。这说明，提高灌水定额的同时增加水中营养物质含量更能促进株高和叶面积的增加。

相同灌水水平不同灌水水质对夏玉米株高和叶面积的影响分别见图2-4和图2-5。

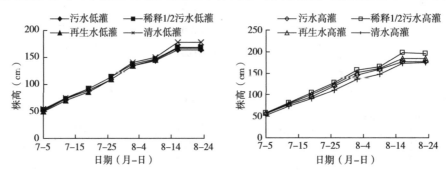

图2-4 相同灌水水平不同灌水水质处理夏玉米株高变化

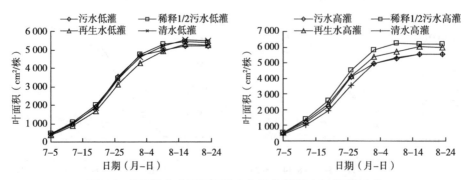

图2-5 相同灌水水平不同灌水水质处理夏玉米叶面积变化

从图2-4、图2-5可以看出,相同灌水水平不同灌水水质处理同一时期株高和叶面积变化情况为低灌水水平,清水>稀释1/2污水>再生水>污水;高灌水水平,稀释1/2污水>再生水>污水>清水。高灌水水平,夏玉米出苗后59d(6月18日出苗)左右株高和叶面积达到或接近最大值时,稀释1/2污水与再生水灌溉处理,玉米株高分别较对照(清水灌溉)增加了12.27%、5.59%;再生水和污水灌溉处理,玉米叶面积分别较对照(清水灌溉)增加12.01%和8.39%。

夏玉米株高和叶面积达到或接近最大值时,不同处理对夏玉米株高和叶面积影响方差分析结果见表2-7。

表2-7　夏玉米株高和单株叶面积的方差分析

差异源	$F_{叶面积}$	$F_{株高}$	$F_{0.05}$	$F_{0.01}$
灌水水平	6.82	11.73	4.08	7.31
灌水水质	1.05	1.85	2.84	4.31
灌水水平×灌水水质	0.97	3.09	2.84	4.31

由表2-7可以看出,灌水水质、灌水水质与灌水水平的交互作用对叶面积的影响不显著,而灌水水平对叶面积的影响达到显著水平,对株高影响达到极显著水平,说明增加灌水量对夏玉米的生长发育有一定的促进作用。灌水水质与灌水水平的交互作用对株高的影响达到显著水平,说明灌水量对株高的影响随灌水水质的不同而不同。表2-8为用新复极差法对不同处理组合株高平均数的显著性检验。

表2-8　不同处理组合株高平均数的显著性测验(Duncan)

处理组合	平均数(cm)	$a=0.05$	$a=0.01$
稀释1/2污水高灌	196.8	a	A
再生水高灌	184.4	ab	AB
清水低灌	177.7	bc	B
污水高灌	175.5	bc	B
清水高灌	173.4	bc	B
稀释1/2污水低灌	168.3	bc	B
再生水低灌	167.2	bc	B
污水低灌	163.8	c	B

由表2-8各组合株高平均数的多重比较结果表明,稀释1/2污水高灌处理的株高最大,与再生水高灌处理的差异不显著,但与稀释1/2污水低灌处理、再生水低灌处理等达显著或极显著水平。清水低灌处理与清水高灌处理株高相差很小,由此可见稀释1/2

污水高灌处理对夏玉米株高有一定的促进作用。

2.4.2 再生水灌溉对夏玉米产量的影响

高灌水水平下不同灌水水质处理夏玉米产量对比如图2-6所示。从图2-6可以看出，稀释1/2污水灌溉处理夏玉米产量较清水灌溉增加13.12%，污水灌溉处理产量较清水灌溉减少了1.24%，说明污水灌溉会对夏玉米的产量产生一定的负面影响，稀释1/2污水灌溉在一定程度上可提高夏玉米产量。

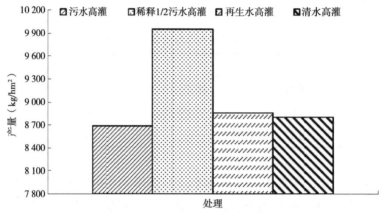

图2-6　相同灌水水平不同水质处理夏玉米产量对比

2.5　再生水灌溉对土壤化学性质的影响

2.5.1　再生水灌溉对土壤水溶性盐运移的影响

土壤水溶性盐是限制作物生长的障碍因素之一，盐分过高将使土壤溶液渗透压增高，引起土壤水势下降，从而造成作物根系细胞吸水困难，即使土壤中有足够的水分供应，作物也不能有效利用，产生所谓生理干旱。盐分因素引起的生理干旱如同水分因素不足引起的干旱缺水，一样会造成作物减产或死亡。污水和再生水中一般含有较多的盐分以及其他污染物，长期灌溉可导致土壤次生盐碱化，对土壤及地下水环境造成潜在危害。因此，污水灌溉对农田土壤盐分及其化学成分变化的影响仍是污水灌溉的中心问题之一。

2.5.1.1　土壤浸提液EC变化

土壤浸提液EC的变化如图2-7所示。土壤浸提液EC在整个土壤剖面的变化趋势一致，随土层深度的增加，基本呈先减小后逐渐增大的趋势，直至土柱底层达最大值，土壤浸提液EC表层大于心土层（10~20cm），在心土层值最小。这是因为：①表土蒸发强烈，使土壤表层水分汽化，带动水分不断上升，产生连续性的上升水流，而溶于水中的盐分离子就被带到土壤表层而聚积；②追肥时水溶肥表施使养分积于表层，土壤得不到天然降水的淋洗，也加剧了表土积盐；③污水中含有大量的盐分离子，灌水过程中当表层土壤达到盐基饱和以后，多余的盐分离子才会继续向下移动，聚集在土壤底层；④植物根系会吸收一定量的盐分，这样就使得根系层土壤中盐分含量远远小于非根系层土壤中盐分含量，而植物的根系主要集中在心土层，吸盐量最多。这样就产生了表层积盐，心土层盐分稍小的现象。

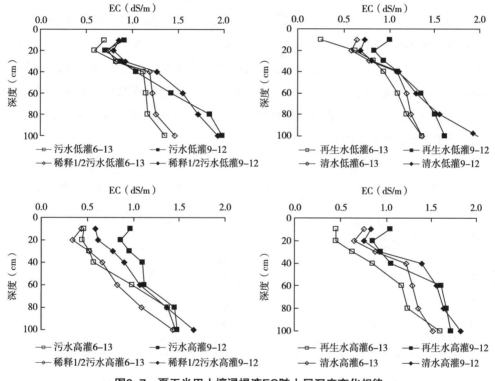

图2-7 夏玉米田土壤浸提液EC随土层深度变化规律

夏玉米生育后期土壤中EC在整个土壤剖面均大于生育前期，污水低灌处理和稀释1/2污水低灌处理由于底层土壤EC较低，灌溉后土壤中EC明显增加，而其他各处理由于底层EC初始值较大，灌溉后底层增加不如污水低灌处理和稀释1/2污水低灌处理明显。灌水水质相同灌水水平不同时，高灌处理表层0~40cm土层容易出现盐分积累，而低灌处理在底层容易出现盐分积累。污水、稀释1/2污水、再生水、清水高灌处理，0~40cm土层浸提液EC总和较试验初期分别增加了1.89dS/m、0.93dS/m、1.52dS/m、0.4dS/m，而低灌处理只增加了0.29dS/m、0.23dS/m、1.24dS/m、0.23dS/m。污水、稀释1/2污水、再生水、清水高灌处理，40~100cm土层浸提液EC总和分别增加了0.23dS/m、0.74dS/m、

0.99dS/m、0.86dS/m，而低灌处理却增加了1.58dS/m、1.27dS/m、0.84dS/m、1.03dS/m。

2.5.1.2 土壤K^+、Na^+、Ca^{2+}、Mg^{2+}浓度变化

土壤K^+浓度随土层深度变化情况如图2-8所示。各处理土壤K^+浓度在土壤表层较高，至20~30cm土层含量最低，30cm土层以下随深度逐渐增加，其原因可能是K^+在土壤中不易迁移，容易被土壤吸持，集中在表土层，另外，K是营养元素，易被作物吸收而参与生物循环，土壤中K^+出现亏缺。夏玉米生育后期，污水和稀释1/2污水处理0~40cm土层K^+浓度较生育前期增加，可能是污水中含有较高的K^+，有效补充了土壤表层K^+。由于作物对K元素营养需求较大，因而无论灌溉水中K^+含量高低，根际土壤中的K^+含量普遍较非根际土壤中含量低，表明作物根际土壤K^+的耗竭和亏缺。

土壤Na^+浓度随土层深度变化情况如图2-9所示。土壤中Na^+浓度在测定的1m土层内随深度增加一般呈先减小后增加再减小的趋势。土壤Na^+浓度在10~20cm土层出现最小值，在60~80cm土层达到最大值后，随着土壤深度增加而减少。在整个土壤剖面上，各处理各土层中的Na^+含量在生育后期较生育前期均有不同程度的增加，主要是由于污水中含有的Na^+未被作物有效吸收而累积。

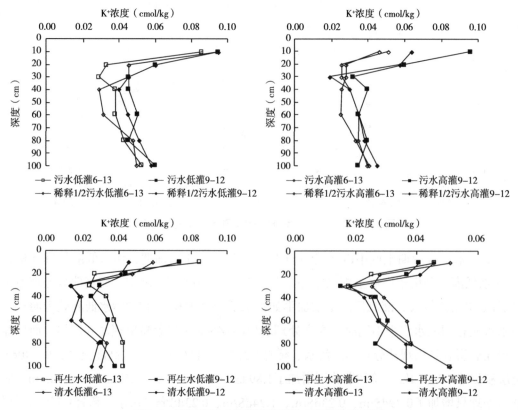

图2-8 夏玉米田土壤K^+浓度随土层深度变化规律

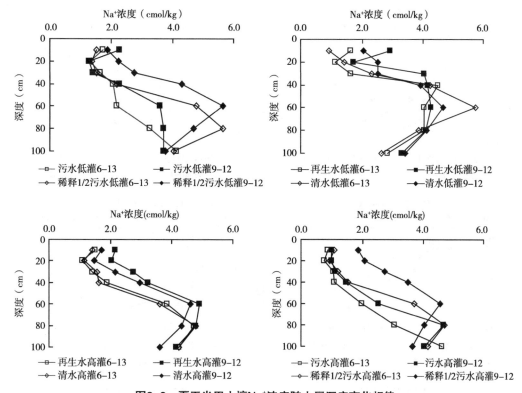

图2-9 夏玉米田土壤Na⁺浓度随土层深度变化规律

土壤Ca^{2+}、Mg^{2+}浓度随土层深度变化规律如图2-10所示。土壤Ca^{2+}、Mg^{2+}浓度在土壤剖面上均随土层深度的增加呈现先减小后增大的趋势，一般在20~40cm土层达到最小值。生育后期下层土壤中Ca^{2+}、Mg^{2+}较生育前期均有较大幅度增加，一方面是由于中上部土层中较高的Ca^{2+}、Mg^{2+}含量增加了Ca^{2+}、Mg^{2+}在下部土层中的累积，另一方面是由于灌溉水中含有一定的Ca^{2+}、Mg^{2+}，随着水分向下移动到土壤下层引起积累。

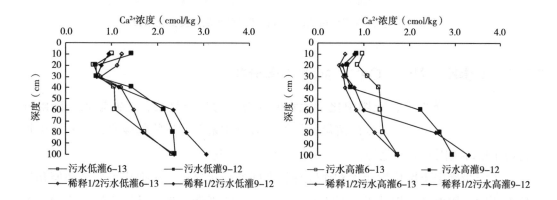

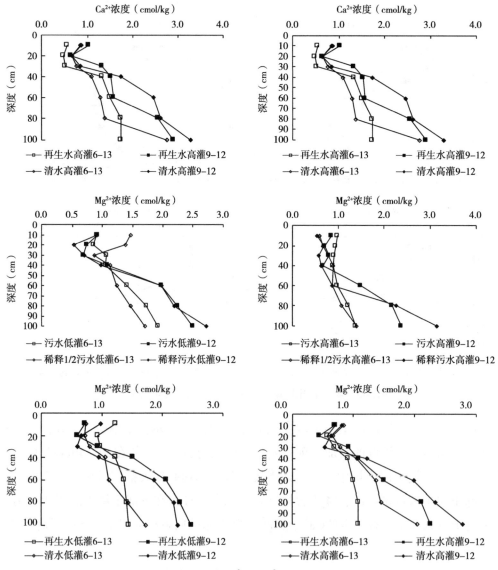

图2-10　夏玉米田土壤Ca²⁺、Mg²⁺浓度随土层深度变化规律

2.5.2　土壤K⁺、Na⁺、Ca²⁺、Mg²⁺平衡分析

在作物生长条件下，土壤中化学元素的动态行为相当复杂，灌溉输入、降雨淋洗、土壤的吸附—解吸、矿物的溶解—沉淀、有机质螯合、作物的吸收以及作物生长引起的土壤环境因素的变化等都会影响化学元素的变化。

为了定量确定土壤化学元素在作物种植期间的变化趋势，根据作物生育初期和生育后期两次土壤取样分析结果，对土壤化学元素进行平衡计算。计算土层内化学元素的平衡方程为：

$$\Delta Q = Q_f - Q_i$$

式中，Q_f为生育后期某元素在计算土层内的含量（kg/hm²）；Q_i为生育前期该元素在计算土层内的含量（kg/hm²）；ΔQ为灌溉输入、作物吸收、降雨淋洗、土壤吸附—解吸、矿物沉淀—溶解等过程引起的土壤计算层中该元素的变化量（kg/hm²）。

作物生育期前后1m土层Ca²⁺、Mg²⁺、K⁺、Na⁺平衡计算结果见表2-9。表中$\Delta Q/Q_i$为化学元素变化量占土壤初始含量的比例，表示该离子的变化程度。

表2-9 土壤中化学离子平衡计算

项目		Ca^{2+}	Mg^{2+}	K^+	Na^+
Q_i（kg/hm²）	污水低灌	3 949.01	2 430.87	252.36	8 484.24
	稀释1/2污水低灌	4 375.95	2 393.96	262.90	11 626.81
	再生水低灌	3 666.15	2 232.25	232.36	10 070.69
	清水低灌	3 519.28	2 058.24	169.64	10 905.55
	污水高灌	3 781.89	1 910.60	196.74	7 534.48
	稀释1/2污水高灌	2 781.95	1 682.10	182.21	9 779.43
	再生水高灌	3 657.03	1 610.03	195.54	10 325.78
	清水高灌	4 039.70	2 290.25	216.29	10 177.40
Q_f（kg/hm²）	污水低灌	5 105.83	2 954.66	310.22	9 569.78
	稀释1/2污水低灌	5 564.03	2 958.52	305.68	12 901.65
	再生水低灌	4 751.65	3 054.85	212.34	11 851.45
	清水低灌	5 309.53	2 763.07	141.63	11 614.30
	污水高灌	5 279.20	2 648.82	250.58	8 815.01
	稀释1/2污水高灌	4 710.67	2 633.00	227.64	11 362.48
	再生水高灌	5 291.68	2 615.43	174.53	12 424.88
	清水高灌	5 923.60	3 053.09	184.42	10 938.25
ΔQ（kg/hm²）	污水低灌	1 156.82	523.79	57.86	1 085.54
	稀释1/2污水低灌	1 188.08	564.57	42.78	1 274.84
	再生水低灌	1 085.50	822.59	−20.01	1 780.77
	清水低灌	1 790.25	704.83	−28.01	708.75
	污水高灌	1 497.31	738.22	53.84	1 280.53
	稀释1/2污水高灌	1 928.72	950.90	45.43	1 583.05
	再生水高灌	1 634.66	1 005.39	−21.01	2 099.10
	清水高灌	1 883.90	762.83	−31.86	760.85

项目		Ca^{2+}	Mg^{2+}	K^+	Na^+
	污水低灌	29.3	21.5	22.9	12.8
	稀释1/2污水低灌	27.2	23.6	16.3	11.0
	再生水低灌	29.6	36.9	−8.6	17.7
$\Delta Q/Q_i$（%）	清水低灌	50.9	34.2	−16.5	6.5
	污水高灌	39.6	38.6	27.4	17.0
	稀释1/2污水高灌	69.3	56.5	24.9	16.2
	再生水高灌	44.7	62.4	−10.7	20.3
	清水高灌	46.6	33.3	−14.7	7.5

由表2-9可以看出，生育后期土壤中Ca^{2+}、Mg^{2+}、Na^+含量在所有处理中均比生育前期有不同程度增加，其增加程度分别为27.2%～69.3%、21.5%～62.4%、6.5%～20.3%，灌水水质相同时，土壤中K^+、Na^+、Ca^{2+}、Mg^{2+}含量随灌水定额的增加而增加。污水和稀释1/2污水低灌处理土壤1m土层K^+含量增加了23%和16%，高灌处理增加27%和25%；再生水和清水低灌处理，土壤K^+含量减少了9%和17%，高灌处理减少11%和15%。

2.6 再生水灌溉土壤氮素动态变化规律

2.6.1 土壤NH_4^+-N动态变化规律

2.6.1.1 灌水后土壤NH_4^+-N含量动态变化规律

图2-11至图2-14为不同处理土壤NH_4^+-N在一个灌水周期的动态变化规律，7月21日灌水。可以看出，污水、稀释1/2污水和再生水灌溉处理，NH_4^+-N主要分布在土壤表层0～20cm，尤其在0～10cm土层中NH_4^+-N含量较高，20cm以下土层含量明显减少，比上层土壤NH_4^+-N含量一般小数倍至一个数量级，各处理10～100cm土层中NH_4^+-N含量一般都在1mg/kg以下，这是由于NH_4^+带正电荷，容易被土壤胶体吸附，因此，灌溉水中NH_4^+-N很难随水流往下运移。

污水、稀释1/2污水和再生水灌溉处理表层土壤NH_4^+-N含量一般在灌水后第2天达到最大，一方面由于污水中含有较多的NH_4^+-N，另一方面灌水后土壤含水量升高，加速微生物对有机质的分解，较大的土壤湿度不仅抑制了NH_4^+-N的硝化，同时也给土壤N素的矿化和NH_4^+-N的反硝化提供了有利条件，有机N经矿化作用产生NH_4^+-N，矿化速率显著大于NH_4^+-N的硝化速率造成NH_4^+-N的短时积累。灌水后第5天由于作物吸收和硝化作用，土壤NH_4^+-N含量逐渐减少，由于土壤水分消耗使得土壤变得相对干燥，NH_4^+-N在土壤中的运移基本停止，NH_4^+-N的硝化作用也因缺少水分变得缓慢，出现NH_4^+-N含量在土壤剖面运移分布相对缓慢稳定的一个阶段。由于清水中NH_4^+-N含量几乎为零，清水灌溉处理土壤NH_4^+-N含量在灌水前后基本没有变化，土壤表层也没有出现NH_4^+-N积累。

污水、稀释1/2污水和再生水3种水质处理中，高灌水水平处理0~10cm土层NH_4^+-N的峰值要大于低灌水水平的处理，污水低灌、稀释1/2污水低灌、再生水低灌处理NH_4^+-N含量的峰值分别为6.51mg/kg、3.04mg/kg、1.82mg/kg，而相应高灌水水平处理的峰值分别为7.01mg/kg、3.07mg/kg、2.43mg/kg。

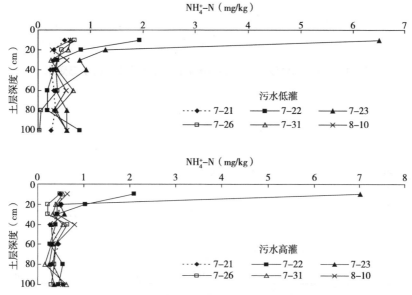

图2-11　污水处理土壤NH_4^+-N含量在一个灌水周期的动态变化

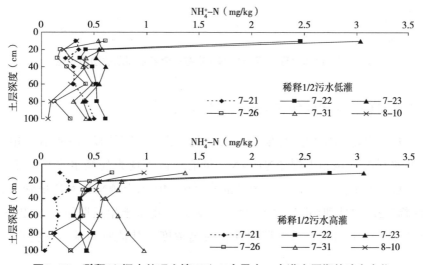

图2-12　稀释1/2污水处理土壤NH_4^+-N含量在一个灌水周期的动态变化

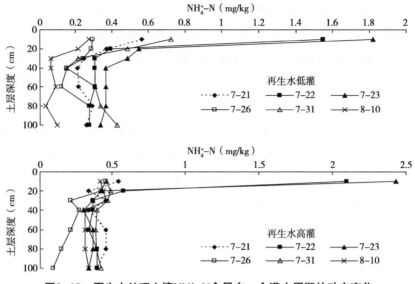

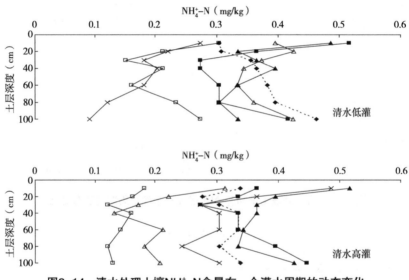

图2-13　再生水处理土壤NH_4^+-N含量在一个灌水周期的动态变化

图2-14　清水处理土壤NH_4^+-N含量在一个灌水周期的动态变化

2.6.1.2　土壤NH_4^+-N含量随作物生育期动态变化规律

土壤NH_4^+-N含量随作物生育期的动态变化如图2-15至图2-18所示。相同灌水水质处理，灌水后0～40cm土层中NH_4^+-N含量的峰值表现为高灌水水平大于低灌水水平。相同灌水水平不同灌水水质处理，灌水后0～40cm土壤NH_4^+-N含量峰值表现为污水处理>稀释1/2污水处理>再生水处理>清水处理。夏玉米生长期间，0～20cm土层中NH_4^+-N含量仅在施肥和灌水后短期内保持较高浓度，其他时间基本保持在1mg/kg以下。NH$_4^+$-N的这种变化规律说明土壤的硝化能力很强，在一般情况下，土壤中不会累积NH$_4^+$-N。

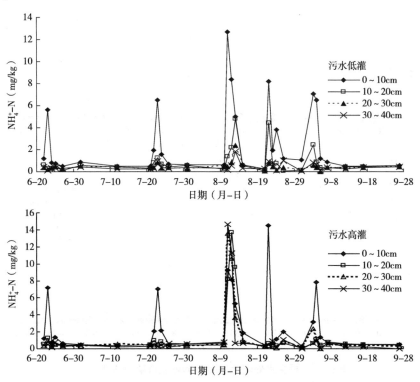

图2-15　污水处理土壤NH$_4^+$-N随生育期的动态变化

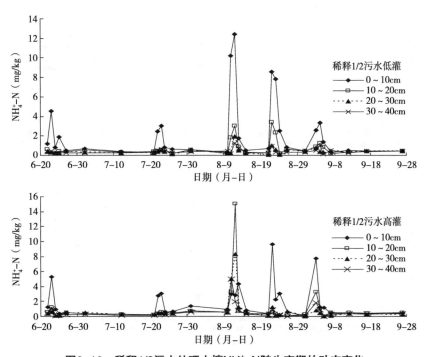

图2-16　稀释1/2污水处理土壤NH$_4^+$-N随生育期的动态变化

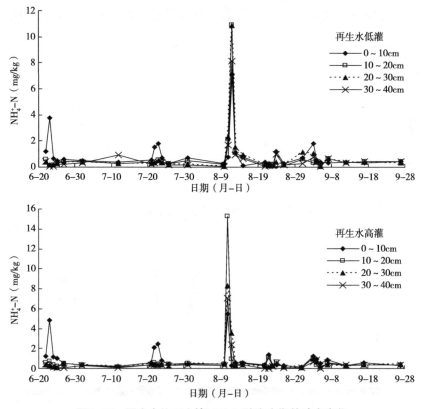

图2-17 再生水处理土壤NH$_4^+$-N随生育期的动态变化

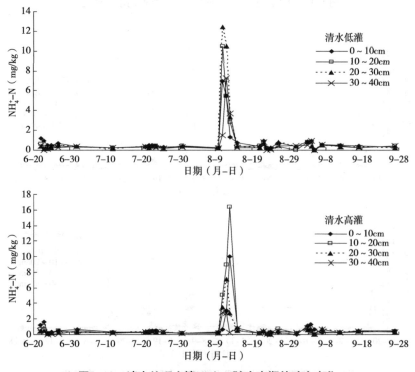

图2-18 清水处理土壤NH$_4^+$-N随生育期的动态变化

2.6.2 土壤NO_3^--N动态变化规律

2.6.2.1 灌水后土壤NO_3^--N含量动态变化规律

图2-19为不同处理土壤NO_3^--N在一个灌水周期的动态变化规律，7月21日进行了灌溉。从图2-19中可以看出，不同处理间土壤中NO_3^--N含量沿土壤深度的变化趋势一致，即自表层到底层NO_3^--N含量逐渐增加，由于测桶底部阻隔NO_3^--N不能再往土壤深层移动，在底部产生积累，这也是由NO_3^--N不易被土壤吸附，易随水流动并在湿润锋周围产生高浓度的特点决定的。NO_3^--N在测桶60～80cm和80～100cm土层中的含量占NO_3^--N总量的比例相当高，从7月21日到8月10日污水低灌、稀释1/2污水低灌、再生水低灌、清水低灌、污水高灌、稀释1/2污水高灌、再生水高灌、清水高灌处理60～100cm土层NO_3^--N含量占整个测桶NO_3^--N总量的比例分别为47.61%～73.89%、52.47%～74.27%、53.38%～76.32%、56.39%～81.90%、53.43%～72.76%、53.49%～85.45%、55.32%～80.33%、65.79%～82.71%。

清水和再生水灌溉处理第1天土壤中NO_3^--N含量减少，由于灌溉淋洗作用表层减小得较明显，直至灌水后第5天土壤上层NO_3^--N含量开始增加，下层（60～100cm）出现减少，灌水后第10天又呈增加趋势，第20天土壤剖面各层NO_3^--N含量又出现减少。稀释1/2污水处理灌水后第1天土壤中NO_3^--N含量降低，第2天0～40cm土层升高，40～100cm土层降低，第5天土壤剖面各层NO_3^--N含量增加，第20天又减小。

灌水后第1天、第2天湿润土体内部NO_3^--N含量反而小于灌水初始NO_3^--N含量，这与Baryosef和Sheikholslami（1976）的试验结果一致。这种现象表明，除了质流还有其他因素影响NO_3^--N在土壤中的运动和分布。灌后第1天、第2天引起NO_3^--N含量减少的原因，一是由于灌溉水中NO_3^--N的含量低，灌水后对土壤中高浓度的NO_3^--N产生了稀释作用；二是污灌第1天、第2天，土壤含水量高，处于厌氧环境，又因为土壤为碱性土壤，NH_3的挥发损失占优势，很少发生硝化作用；三是灌水后随土壤含水量的增加，土壤中通气状况越来越差，为反硝化的微生物临时创造了相对的嫌气条件，这将有利于反硝化作用的发生，NO_3^--N部分还原成了NO_2^--N或进一步还原成了N_2，从而造成NO_3^--N浓度的减少。灌水第2天后土壤NO_3^--N含量增加是由于污水中有机质含量高，引起土壤含水量的突然上升，土壤维持较高的含水量有利于有机质的矿化作用，有机N矿化产生了大量的矿质N。

灌水后第5天、第10天NO_3^--N的含量基本呈上升趋势，一是由于土壤水的蒸发，提高了NO_3^--N浓度；二是随着土壤水分蒸发，土壤含水量降低，土壤空隙度增大，通气性逐渐变好，嫌气性微生物活动受到限制，反硝化作用变弱而硝化作用强烈进行，

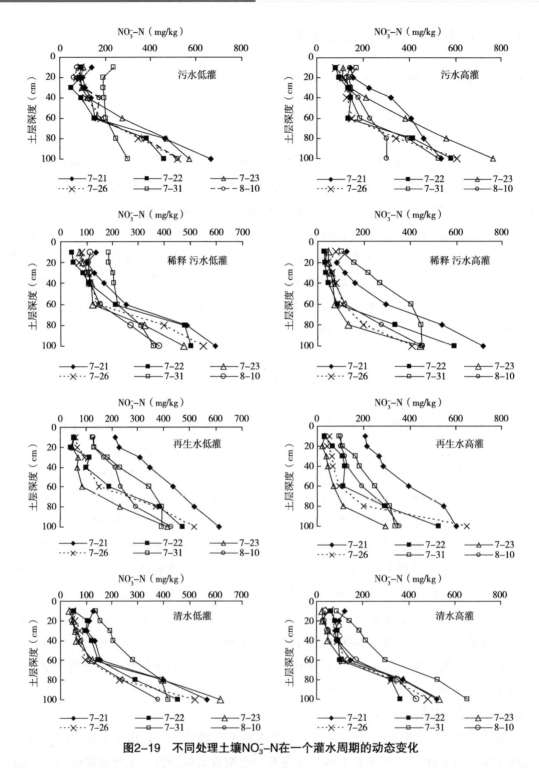

图2-19 不同处理土壤NO₃⁻-N在一个灌水周期的动态变化

致使土壤中NO_3^--N含量增大。灌水后第20天，各土层NO_3^--N含量有所下降，一是硝化速度减缓，随着土壤进一步干燥，硝化作用提供了大量NO_3^-，并造成土壤pH值下降，抑制了硝化作用，结果反硝化作用增强；二是作物和某些种类的微生物以硝酸盐为氮源，将其还原为NH_3；三是土壤深层由于兼性厌氧细菌的反硝化作用，硝酸盐被还原为NO_2^-、N_2O、N_2；四是作物的吸收利用。

可见，灌溉在改变土壤湿度的同时，更是强烈地影响了土壤中NO_3^--N的转化过程。灌水后土壤剖面中NO_3^--N浓度的变化，各处理之间没有明显关系，表明在测桶试验中灌溉水质和灌溉水量对NO_3^--N的浓度变化无明显相关关系，这可能是由于测桶中某些大孔隙的影响，以及由于测桶所形成的小环境中的土壤水分运动更容易受到外界条件的影响，土壤剖面中的NO_3^--N也随着毛管水的运动而产生交互作用。

2.6.2.2 土壤NO_3^--N含量随作物生育期动态变化规律

不同处理土壤NO_3^--N含量随生育期的变化趋势如图2-20至图2-23所示。图2-20至图2-23中冬小麦收割、夏玉米收获时不同处理不同土壤NO_3^--N含量对应日期分别为5月27日和9月27日。在周年内NO_3^--N在土壤中的变化规律为，沿着土壤剖面逐渐增加。5月27日到6月23日土壤中NO_3^--N含量出现了增加，这是由于种植夏玉米时施入尿素和磷酸一铵作为底肥，之后，土壤中NO_3^--N含量变化主要受到灌溉和施肥影响。收获时土壤NO_3^--N含量相对于5月27日有所增加，说明施入的肥料量大于作物的吸收量，因此应制定合理的施肥量，以减少氮肥的严重损失。

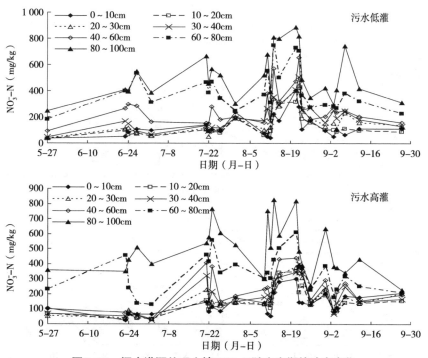

图2-20 污水灌溉处理土壤NO_3^--N随生育期的动态变化

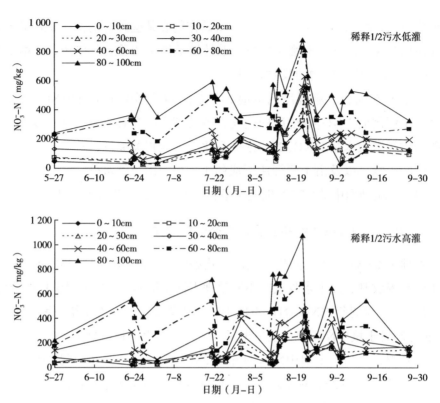

图2-21　稀释1/2污水灌溉处理土壤NO_3^--N随生育期的动态变化

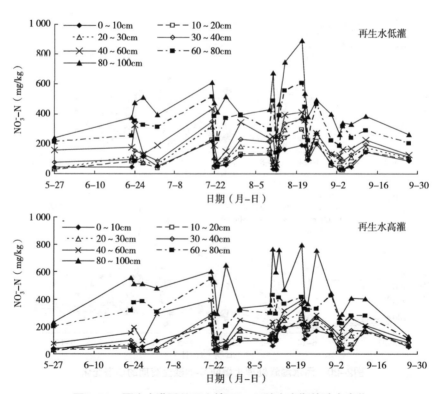

图2-22　再生水灌溉处理土壤NO_3^--N随生育期的动态变化

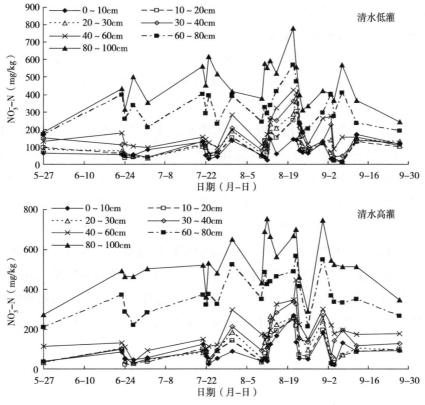

图2-23 清水灌溉处理土壤NO_3^--N随生育期的动态变化

2.7 再生水灌溉对小麦籽粒品质的影响

小麦品质既受遗传控制也受环境影响，在影响小麦品质的各项环境因子中，以氮肥和水分对品质的影响最大，其次是气候和土壤条件，P、K及微量元素也有一定影响。不同处理冬小麦籽粒中淀粉、粗蛋白质含量见表2-10。

表2-10 冬小麦籽粒中淀粉、粗蛋白质含量（单位：%）

灌水定额（m³/hm²）	品质因子	灌溉水质			
		清水（对照）	再生水	稀释1/2污水	污水
900	淀粉	52.38	51.20	51.17	52.43
	粗蛋白质	17.24	17.29	17.47	17.58
1 200	淀粉	52.99	52.73	52.76	53.59
	粗蛋白质	17.08	17.10	17.19	17.54

由表2-10可知，灌水定额高的处理，籽粒中淀粉的含量显著大于灌水定额低的处理。经方差分析，水质和灌水量对淀粉含量的影响均达显著水平。当灌水定额相同时，各处理小麦籽粒中粗蛋白质的含量为污水处理>稀释1/2污水处理>再生水处理>清水处理，且污水中粗蛋白质的含量明显高于其他水质处理，这是由于污水中N素含量较高的缘故，同时也表明，水中含N量在一定范围内时，灌溉水中N的含量越高，粗蛋白质的含量越高。当灌水定额相同时，污水灌溉处理籽粒中K含量相对较高，K能够提高氨基酸向籽粒转移的速度和籽粒中氨基酸再转化为蛋白质的速度，所以，籽粒中K含量的高低对粗蛋白质的含量也有一定的影响。当同一水质灌水定额不同时，灌水定额大的处理，籽粒中粗蛋白质的含量要低于灌水定额小的处理，而籽粒中淀粉的含量却是灌水定额大的处理高于灌水定额小的处理。这是因为增加灌水对蛋白质有一定的稀释效应，促进了淀粉的合成与积累，籽粒中淀粉含量增加，蛋白质积累相对降低。增加施肥量可使这种稀释效应得以缓冲，由于污水中含有丰富的N素，两种灌水定额处理，污水灌溉的小麦籽粒中粗蛋白质的含量相差无几，而稀释1/2污水和再生水处理中N素含量不如污水中丰富，所以小麦籽粒中粗蛋白质含量高灌水处理要显著低于相应低灌水处理。

3 再生水灌溉对土壤氮素迁移转化测坑试验

本试验在中国农业科学院农田灌溉研究所洪门试验站地中渗透仪观测场进行。试验站降水、气候条件同中国农业科学院农田灌溉研究所作物需水量试验场。地中渗透仪观测场建于1983年，整体为钢筋混凝土结构，长43.5m、宽11.5m、深6.5m，总面积500.25m²。包括方形测坑（3m×3m）12个，深度分别为2.8m、4.3m和5.3m，各4个；圆形测筒（直径0.62m）50个，深度分别为5.3m（6个）、3.8m（8个）、3.3m（25个）、2.8m（4个）、2.3m（4个）和1.8m（3个）。测坑和测筒70cm以下每50cm安装有水柱式负压计、土壤溶液提取器、马氏瓶等；测坑和测筒均安装有土壤水分时域反射仪（TRIME-IPH），可进行分层土壤含水量测定；安装有地下水位计，可进行试验区周边地下水位动态观测。

3.1 试验设计

本试验在地中渗透仪观测场测坑进行，测坑土壤田间持水量（质量含水率）24%，土壤颗粒分级及土壤干容重见表3-1。

表3-1 试验测坑土壤颗粒分级及土壤干容重

土层（cm）	项目						土壤质地
	黏粒（%）	粉粒（%）	沙粒（%）	容重（g/cm³）	NO_3^--N（mg/kg）	NH_4^+-N（mg/kg）	
0~20	17.35	54.77	27.88	1.44	29.43	0.72	粉壤土
20~40	16.72	58.29	24.99	1.47	27.57	0.36	粉壤土
40~60	16.37	57.06	26.57	1.40	30.62	0.25	粉壤土
60~80	16.60	53.18	30.22	1.42	33.02	0.18	粉壤土
80~100	15.52	62.44	22.04	1.49	36.40	0.00	粉壤土

（续表）

土层 （cm）	项目						土壤质地
	黏粒 （%）	粉粒 （%）	沙粒 （%）	容重 （g/cm³）	NO$_3^-$-N （mg/kg）	NH$_4^+$-N （mg/kg）	
100~120	16.04	58.37	25.59	1.51	35.09	0.04	粉壤土
120~160	15.40	56.05	28.55	1.52	38.65	0.00	粉壤土
160~200	15.23	61.30	23.47	1.53	37.32	0.00	粉壤土

试验考虑两因素，因素A为潜水埋深，设2m（A_1）、3m（A_2）、4m（A_3）3个水平，因素B为灌水定额，设900m³/hm²（B_1）、1 200m³/hm²（B_2）2个水平，试验处理设计见表3-2。潜水埋深采用安装于地中渗透仪观测场地下室内壁的马里奥特瓶控制。试验用再生水为河南省新乡市骆驼湾污水处理厂的二级处理水，灌水前由专用水罐车运输至田间。

冬小麦供试品种为新麦18，播量180kg/hm²，行距20cm。播种和收获时间分别为2005年10月19日和2006年6月5日。冬小麦播种前（2005年10月13日）施底肥，施肥量为复合肥750kg/hm²，尿素225kg/hm²。

表3-2　不同潜水埋深再生水灌溉试验处理设计

因素	试验处理编号					
	A_1B_1	A_1B_2	A_2B_1	A_2B_2	A_3B_1	A_3B_2
潜水埋深A（m）	2	2	3	3	4	4
灌水定额B（m³/hm²）	900	1 200	900	1 200	900	1 200

3.2　试验观测内容及方法

3.2.1　土壤含水率及土壤吸力

土壤水分采用取土烘干法测定，一般每间隔10d测定一次，降雨和灌水前后24h加测。冬小麦试验土壤水分测定深度为2m，测定层次为0~5cm、5~10cm、10~15cm、15~20cm、20~30cm、30~40cm、40~60cm、60~80cm、80~100cm、100~120cm、120~140cm、140~160cm、160~180cm、180~200cm。

土壤吸力采用预埋在不同土层的负压计观测，一般情况下每天读取负压计读数。

3.2.2 土壤NO$_3^-$-N、NH$_4^+$-N及有机质含量

灌水前1d、灌水后1d、2d、5d、10d、20d分层取鲜土样，并通过土壤溶液提取器抽取土壤溶液，于取样后24h内进行NO$_3^-$-N、NH$_4^+$-N含量测定。土壤溶液提取时间与取土样时间保持一致。同时取部分土样在自然条件下风干，测定土壤中有机质含量。冬小麦取土深度为2m，取土层次同土壤水分观测取样层次。

土壤NH$_4^+$-N采用靛酚蓝比色法（722型光栅分光光度计）测定，土壤NO$_3^-$-N采用硝酸根电极法测定（方法同第2章2.2）。

土壤有机质测定采用低温外热重铬酸钾氧化-比色法。称取1g过0.149mm筛的风干土样，放入50mL普通试管中，加入5mL K$_2$Cr$_2$O$_7$和5mL H$_2$SO$_4$溶液，摇匀，放入100℃恒温箱中静置，1.5h后放入冷水浴中，分两次加水至50mL，摇匀放置3h，取上清液闭塞，用1cm光径比色杯在590nm波长测定吸收值。

3.2.3 灌溉水质指标

每次灌水前随机取1 000mL水样进行pH值、EC、NH$_4^+$-N、NO$_3^-$-N以及K$^+$、Na$^+$、Ca^{2+}、Mg^{2+}等测定。分析化验方法同第2章。本试验灌溉用水的主要成分及浓度见表3-3。

表3-3 冬小麦灌溉用水主要成分及浓度

灌水日期（年—月—日）	灌水水质	K$^+$（mg/L）	Na$^+$（mg/L）	Ca^{2+}（mg/L）	Mg^{2+}（mg/L）	pH值	EC（dS/m）	NH$_4^+$-N（mg/L）	NO$_3^-$-N（mg/L）
2005-10-13	再生水	14.60	768.96	93.00	68.40	7.75	1.98	0.20	25.13
	清水	2.00	179.54	124.20	72.20	7.23	2.53	0.36	19.78
2005-12-20	再生水	14.00	740.81	88.80	49.92	7.68	2.00	0.25	23.18
	清水	1.80	186.66	123.20	73.92	7.25	1.52	—	9.00
2006-3-22	再生水	14.00	704.81	64.00	78.24	7.81	1.96	0.08	31.51
	清水	1.20	194.88	92.00	57.60	7.36	1.50	—	7.44
2006-4-19	再生水	14.00	854.02	103.20	63.84	7.63	2.03	0.14	25.37
	清水	6.00	147.98	103.20	57.12	7.27	1.26	—	10.53

注：表中"—"表示未检出。

3.2.4 地下水溶液NO$_3^-$-N、NH$_4^+$-N及EC

灌水前1d、灌水后1d、2d、5d、10d、20d提取地下水溶液，并盛放在体积300mL三角瓶中，24h内测定溶液中pH值、EC、NH$_4^+$-N和NO$_3^-$-N浓度。测试方法同土壤溶液

中相应物质测试方法。

3.2.5　其他观测项目

气象数据通过试验站内自动气象站采集，包括气温、空气湿度、空气压力、太阳辐射、光照、风速、风向、降水量。降雨及灌水后下渗水量通过地中渗透仪测坑内壁安装的溢流装置计量。采用田间法测定田间持水量，环刀法测定土壤容重，比重计法测定土壤质地。

3.3　冬小麦全生育期土壤水分变化规律

土壤水分是决定N素迁移转化的主要影响因素。冬小麦全生育期土壤水分主要受灌水、降雨、植株蒸腾及棵间蒸发等因素的影响。各处理不同土层土壤含水量在冬小麦全生育期的变化情况见图3-1至图3-6。可以看出，在无外界水分输入的情况下，土壤水分主要受植株蒸腾及棵间蒸发因素影响，表层土壤水分状况均呈明显下降趋势；潜水埋深较浅条件下（潜水埋深为2m、3m），由于土壤水与地下水的双向交换作用，下层土壤水分状况变化较为平缓，尤其是潜水埋深2m条件下基本维持在饱和状态。

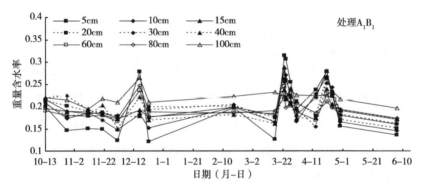

图3-1　处理A_1B_1冬小麦田不同土层土壤含水率变化规律

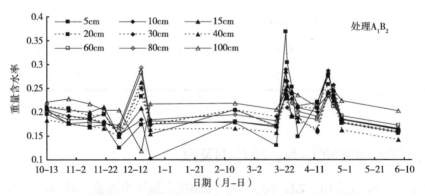

图3-2　处理A_1B_2冬小麦田不同土层土壤含水率变化规律

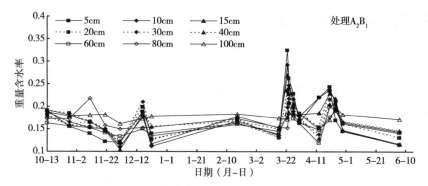

图3-3　处理A₂B₁冬小麦田不同土层土壤含水率变化规律

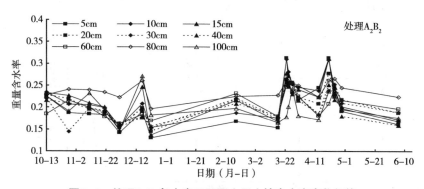

图3-4　处理A₂B₂冬小麦田不同土层土壤含水率变化规律

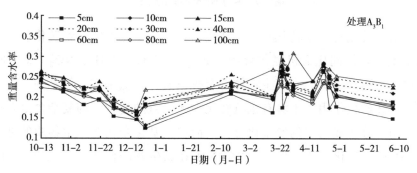

图3-5　处理A₃B₁冬小麦田不同土层土壤含水率变化规律

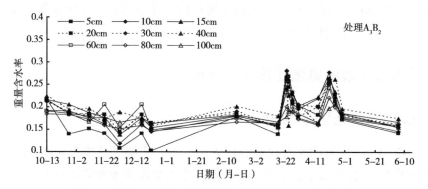

图3-6　处理A₃B₂冬小麦田不同土层土壤含水率变化规律

3.4 土壤氮素的迁移转化

土壤氮循环是一个复杂的物理—化学—生物作用过程。各种氮源其形态和数量均不相同，进入土壤后，随时都在不断运移转化之中，各种转化作用相互衔接，即构成了自然界的氮循环，见图3-7。

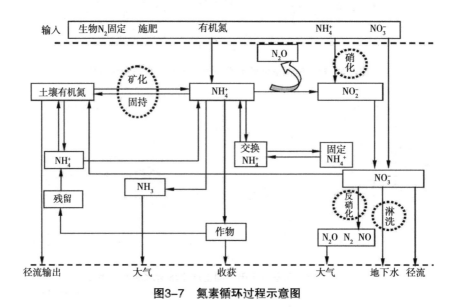

图3-7 氮素循环过程示意图

土壤氮素的转化有生物转化和化学转化两种形式。氮素的生物转化包括：①固持作用，即土壤生物能同化无机氮化合物（如NH_4^+、NO_3^-、NH_3、NO_2^-），并将其转化为土壤生物的细胞和组织、土壤生物体的有机态氮（如氨基酸、氨基糖、蛋白质、嘌呤、核酸）；②矿化作用，土壤有机氮转化为无机氮的过程，即复杂含氮有机质在微生物酶的作用下分解成简单的氨基化合物，简单氨基化合物在微生物酶的进一步作用下分解成NH_4^+；③硝化作用，即土壤中的NH_4^+在微生物的作用下转化成NO_3^-的过程；④反硝化作用，土壤中NO_3^-还原为N_2O、N_2和O_2，土壤氮素自土体中损失，在酸性土壤中也可能产生NO，N_2是反硝化作用的主要产物；⑤氨挥发，土壤或植物中的NH_3释放到大气中；⑥NH_4^+的吸附作用；⑦NH_4^+的解吸作用。

3.4.1 灌水后土壤中氮素迁移转化规律

3.4.1.1 土壤NO_3^-–N迁移转化规律

影响土壤NO_3^-–N含量的主要因素有输入NO_3^-–N、土壤基质中NO_3^-–N和土壤的硝化作用。不同处理0～200cm土层土壤NO_3^-–N含量及土壤含水率在灌水前后的变化情况见图3-8至图3-13。灌水前各土层中NO_3^-–N含量维持在3～10mg/kg，灌水后10d各土层

NO_3^--N含量均显著增加。灌水水平B_1，不同潜水埋深同一土层灌水后NO_3^--N含量平均增加了11.65mg/kg、24.57mg/kg、25.07mg/kg；灌水水平B_2，不同地下水埋深同一土层NO_3^--N含量平均增加了18.88mg/kg、42.57mg/kg、48.84mg/kg。不同处理对比分析表明，相同潜水埋深，灌水量越大，0～200cm土层土壤NO_3^--N含量增加越多；相同灌水水平，潜水埋深越深，0～200cm土层土壤NO_3^--N含量增加越多。

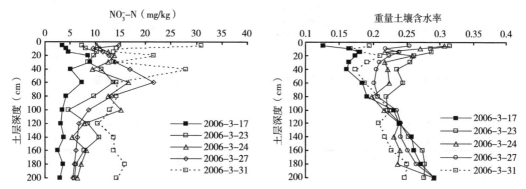

图3-8　处理A_1B_1灌水前后0～200cm土层NO_3^--N含量及土壤含水率变化

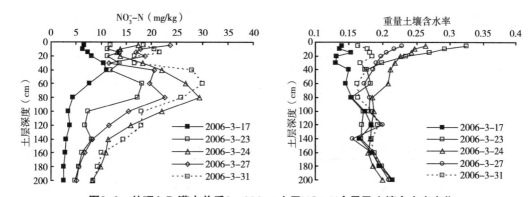

图3-9　处理A_2B_1灌水前后0～200cm土层NO_3^--N含量及土壤含水率变化

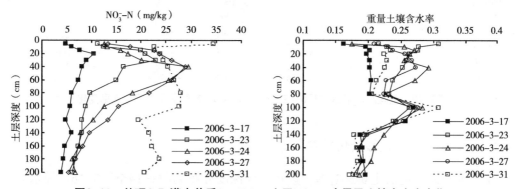

图3-10　处理A_3B_1灌水前后0～200cm土层NO_3^--N含量及土壤含水率变化

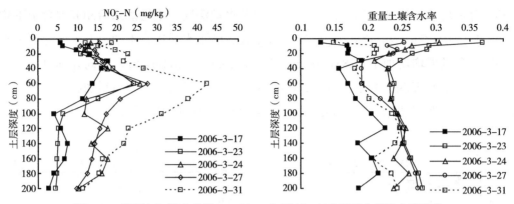

图3-11 处理A₁B₂灌水前后0～200cm土层NO₃⁻-N含量及土壤含水率变化

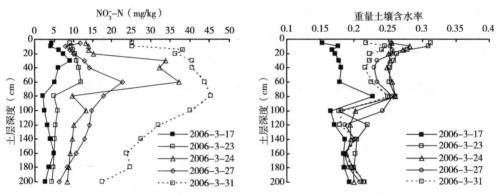

图3-12 处理A₂B₂灌水前后0～200cm土层NO₃⁻-N含量及土壤含水率变化

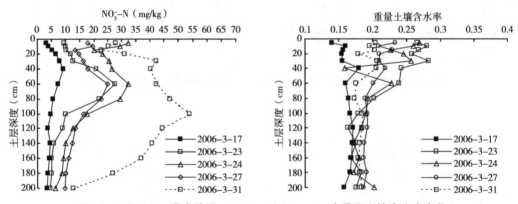

图3-13 处理A₃B₂灌水前后0～200cm土层NO₃⁻-N含量及土壤含水率变化

3.4.1.2 土壤NH_4^+-N迁移转化规律

不同处理灌水前后土壤NH_4^+-N含量在土层深度分布见图3-14至图3-16。灌水后，灌溉水中NH_4^+-N大部分被土壤吸附，少量的NH_4^+通过大孔隙向下渗漏，土壤中NH_4^+-N

含量迅速增大；污灌后2d，由于土壤的交替吸附及硝化作用等因素，土壤NH₄⁺-N含量迅速下降；灌水后5d，土壤NH₄⁺-N基本转化完；灌水后10d，土壤NH₄⁺-N含量基本维持在灌水前的水平。总体上看，不同潜水埋深再生水灌溉对土壤中NH₄⁺-N含量影响并不明显。

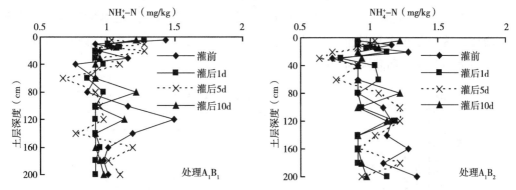

图3-14　潜水埋深2m不同灌水水平灌水前后土壤NH₄⁺-N含量变化

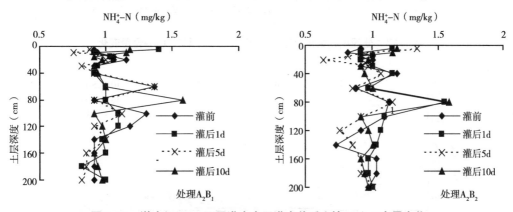

图3-15　潜水埋深3m不同灌水水平灌水前后土壤NH₄⁺-N含量变化

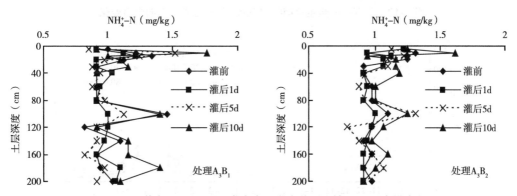

图3-16　潜水埋深4m不同灌水水平灌水前后土壤NH₄⁺-N含量变化

3.4.2 冬小麦全生育期土壤氮素变化规律

3.4.2.1 冬小麦全生育期土壤NO₃⁻-N含量变化规律

不同处理土壤NO_3^--N含量随生育期的变化趋势如图3-17至图3-22所示。可以看出，冬小麦全生育内土壤NO_3^--N含量呈递减趋势，冬小麦播种后土壤NO_3^--N含量出现大幅增加，这与冬小麦种植前一次性大量施入氮肥有关，生育期内土壤NO_3^--N含量的小幅波动主要受降雨和灌水的影响。

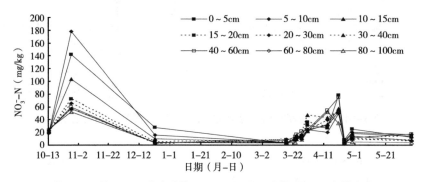

图3-17　处理A_1B_1全生育期0～100cm土层土壤NO_3^--N含量变化

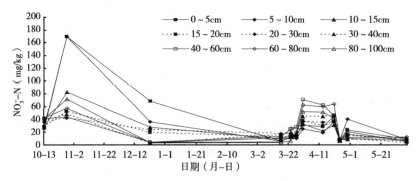

图3-18　处理A_1B_2全生育期0～100cm土层土壤NO_3^--N含量变化

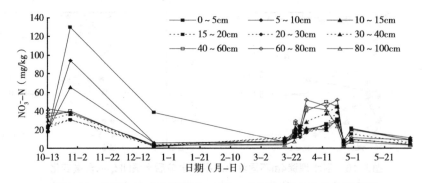

图3-19　处理A_2B_1全生育期0～100cm土层土壤NO_3^--N含量变化

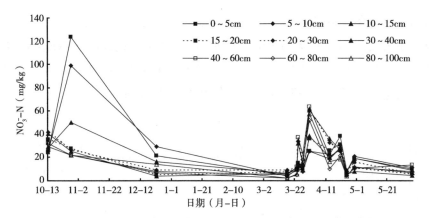

图3-20　处理A₂B₂全生育期0～100cm土层土壤NO₃⁻-N含量变化

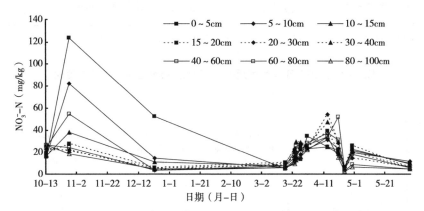

图3-21　处理A₃B₁全生育期0～100cm土层土壤NO₃⁻-N含量变化

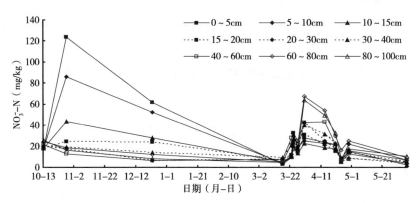

图3-22　处理A₃B₂全生育期0～100cm土层土壤NO₃⁻-N含量变化

3.4.2.2　冬小麦全生育期土壤NH₄⁺-N含量变化规律

不同处理土壤NH₄⁺-N含量随生育期的变化趋势如图3-23至图3-28所示。冬小麦全生育内土壤中NH₄⁺-N含量变化趋势并不明显。冬小麦播种后土壤NH₄⁺-N含量同样出现大幅增加，这与冬小麦种植前一次性大量施入氮肥有关。生育期内土壤NH_4^+-N含量的小幅波动主要受降雨和灌水的影响。灌水后，土壤0～20cm土层NH_4^+-N含量短期内保持较高浓度，其他时间基本保持在2mg/kg以下，全生育期NH_4^+-N含量的动态变化表明，土壤的硝化能力很强，一般不会因灌水和降雨累积NH_4^+-N。

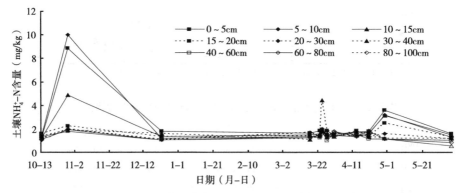

图3-23　处理A_1B_1全生育期0～100cm土层土壤NH_4^+-N含量变化

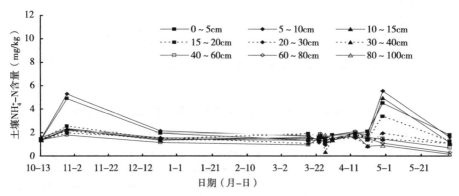

图3-24　处理A_1B_2全生育期0～100cm土层土壤NH_4^+-N含量变化

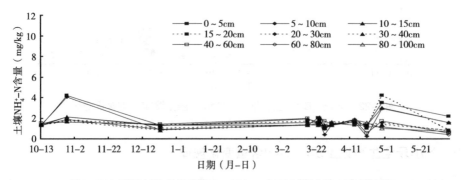

图3-25　处理A_2B_1全生育期0～100cm土层土壤NH_4^+-N含量变化

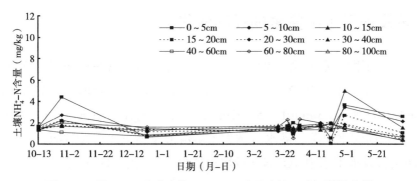

图3-26　处理A_2B_2全生育期0~100cm土层土壤NH_4^+-N含量变化

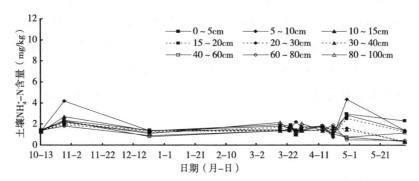

图3-27　处理A_3B_1全生育期0~100cm土层土壤NH_4^+-N含量变化

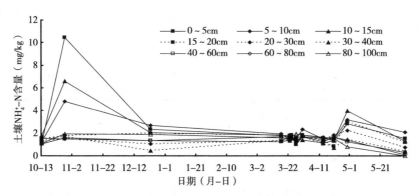

图3-28　处理A_3B_2全生育期0~100cm土层土壤NH_4^+-N含量变化

　　冬小麦收获后土壤NH_4^+-N含量较种植前有所降低，各处理0~100cm土层土壤NH_4^+-N平均含量分别下降24.49%、50.83%、40.43%、43.04%、38.20%和55.31%。相同潜水埋深不同灌水水平条件下，灌水量越大土壤NH_4^+-N含量下降越大。潜水埋深3m条件下，高灌水水平土壤NH_4^+-N含量减少最小；低灌水水平土壤NH_4^+-N含量减少最大。

3.5　土壤及地下水中氮素的迁移转化

　　灌水前后，不同潜水埋深土壤溶液及地下水中NO_3^--N含量随土层深度分布情况见图3-29。灌水后，A_1B_1、A_1B_2、A_2B_1、A_2B_2、A_3B_1和A_3B_2处理土壤溶液及地下水中NO_3^--N含量分别增加了5.50mg/L、53.92mg/L、16.84mg/L、21.61mg/L、11.64mg/L和17.88mg/L。相同潜水埋深，灌水量越大土壤溶液及地下水中NO_3^--N含量增加越多，反之，土壤溶液及地下水中NO_3^--N含量增加越少。不同潜水埋深条件下，灌水水平B_1地下水NO_3^--N含量分别增加了34.67%、24.94%、20.88%；灌水水平B_2地下水NO_3^--N含量分别增加58.42%、38.98%、27.21%，见表3-4。相同灌水水平，潜水埋深越深，地下水NO_3^--N含量增加越小；潜水埋深越浅，地下水NO_3^--N含量增加越大。地下水中NO_3^--N含量变化规律与土壤NO_3^--N含量变化趋势相反，也就是说，土壤中NO_3^--N含量变化趋势验证了地下水中NO_3^--N含量的改变，同时也表明，灌水水平相同，潜水埋深越浅，由于淋溶和硝化作用产生的NO_3^--N造成浅层地下水污染的风险越大。

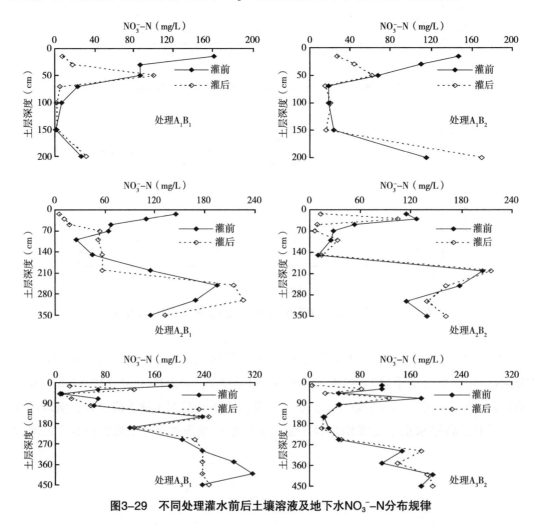

图3-29　不同处理灌水前后土壤溶液及地下水NO_3^--N分布规律

表3-4 灌水前后不同处理地下水NO_3^--N含量变化（单位：mg/L）

处理	A_1B_1		A_2B_1		A_3B_1	
地下水	灌水前	灌水后	灌水前	灌水后	灌水前	灌水后
	26.01	31.51	115.18	133.02	236.63	248.27

处理	A_1B_2		A_2B_2		A_3B_2	
地下水	灌水前	灌水后	灌水前	灌水后	灌水前	灌水后
	115.18	169.10	139.56	161.17	177.42	195.29

4 再生水灌溉对粮食作物生长影响测坑试验

本试验在中国农业科学院农田灌溉研究所洪门试验站地中渗透仪观测场测坑及测桶中进行。洪门试验站及地中渗透仪观测场基本情况见第3章概述。

试验测坑土壤质地为粉壤土，土壤理化性状见第3章表3-1。试验作物为冬小麦和夏玉米。作物生育期间降水量见表4-1。

表4-1 冬小麦和夏玉米生育期间降水量（单位：mm）

日期（年-月-日）	2005-10-20	2005-11-5	2006-1-18	2006-4-3	2006-4-11	2006-4-21	2006-5-9	2006-5-11	2006-5-21	2006-5-25
冬小麦生育期	5.0	5.2	20.5	6.8	11.5	6.8	7.2	6.9	19.4	7.6
日期（年-月-日）	2006-6-28	2006-7-5	2006-7-18	2006-7-29	2006-7-31	2006-8-25	2006-8-28	2006-9-4	2006-9-7	2006-9-27
夏玉米生育期	56	183.6	6.2	22	11.3	6.5	15.4	13	6.3	10.6

4.1 试验设计

试验考虑两因素，因素A为潜水埋深，设2m（A_1）、3m（A_2）、4m（A_3）3个水平，因素B为灌水定额，设900m³/hm²（B_1）、1 200m³/hm²（B_2）2个水平，试验处理设计见第3章表3-2。潜水埋深采用安装于地中渗透仪观测场地下室内壁的马里奥特瓶控制。采用传统畦灌方式灌溉。试验用再生水为河南省新乡市骆驼湾污水处理厂的二级处理水，灌水前由专用水罐车运输至田间。冬小麦灌溉时间及灌溉用水主要成分及浓度见第3章表3-3。夏玉米全生育期由于降雨相对充沛，仅于2006年8月14日灌一水，灌水主要成分及浓度见表4-2。

表4-2 夏玉米灌溉用水主要成分及浓度

灌水日期 （年-月-日）	灌水 水质	K^+ （mg/L）	Na^+ （mg/L）	Ca^{2+} （mg/L）	Mg^{2+} （mg/L）	pH值	EC （dS/m）	NH_4^+-N （mg/L）	NO_3^--N （mg/L）
2006-8-14	再生水	15.00	680.31	108.95	69.36	7.68	1.69	0.50	17.42
	清水	1.20	194.88	92.00	57.60	7.26	1.50	—	8.30

注：表中"—"表示未检出。

冬小麦供试品种为新麦18，播量180kg/hm²，行距20cm。播种和收获时间分别为2005年10月19日和2006年6月5日。冬小麦播种前（2005年10月13日）施底肥，施肥量为复合肥（N∶P∶K=15∶15∶15）750kg/hm²，尿素225kg/hm²。

夏玉米供试品种为新单2号，播量30kg/hm²，行距60cm，株距30cm。播种和收获时间分别为2006年6月10和10月9日。

4.2 试验观测项目及方法

4.2.1 土壤含水率测定

土壤含水率采用土壤水分时域反射仪（TRIME-IPH）和田间取土烘干法分层测定。取土时间为每10d一次，灌水前1d，降雨和灌水后1d、2d、5d、10d加测，取土层次分别为0～5cm、5～10cm、10～15cm、15～20cm、20～30cm、30～40cm、40～60cm、60～80cm、80～100cm。

4.2.2 土壤基质势测定

土壤基质势采用地中渗透仪中布设的负压计测定，负压计类型为"U"形水柱型张力计，陶土头埋深为30cm、50cm、70cm、100cm、150cm、200cm、250cm、300cm、350cm、400cm、450cm。每天8时读取负压计读数。

4.2.3 作物生育指标

生长状况记录：定期记录作物生长发育状况，一般每生育阶段一次。若遇到病虫害、倒伏等情况，随时记录。

生长要素观测：株高、密度、叶面积指数、地上干物质重量（分茎、叶、穗）。每10d观测一次。

株高：冬小麦每试验小区随机取30株，夏玉米每小区定株5株测量平均高度。用钢尺每10d测1次，精确到毫米。

密度：冬小麦每个试验小区选取2个测点，每个测点包含2行各0.44m长度的小麦，数出茎数，根据公式换算，该2行的平均茎数即为作物密度。夏玉米密度按实际株数计算。

植株干物质累积：用烘干法测定，分茎、叶、籽粒，取样后在100~105℃杀青1h，然后在75℃烘干8h，称重精确到0.001g。

作物产量及产量构成：冬小麦收获后，在每试验小区取有代表性的2个测点，各取样10株，测定株高、穗长、亩穗数、千粒重。在每试验小区选取2个1~2m²面积单打单收，测量小麦产量。夏玉米成熟收获后每小区取样5株测产考种，主要测定项目为穗长、穗粒数、百粒重、穗粒重和轴重等。

4.2.4 其他观测项目

气象数据通过试验站内自动气象站采集，观测项目包括气温、空气湿度、空气压力、太阳辐射、光照、风速、风向、降水量。记录每次灌水时间、灌水量、灌水历时。记录施肥时间、施肥量。测定土壤孔隙率、田间持水量、土壤容重等。

4.3 再生水灌溉对作物株高的影响规律

同一灌水水平不同潜水埋深冬小麦株高对比见图4-1，同一潜水埋深不同灌水水平冬小麦株高对比见图4-2。可以看出，同一灌水水平不同潜水埋深冬小麦株高变化规律为潜水2m处理>3m处理>4m处理；相同潜水埋深条件下，低水处理的株高大于高水处理。经显著性分析表明，低灌水水平时各处理之间冬小麦株高的差异达到极显著水平（$P=0.01$）；高灌水水平时，不同潜水埋深处理间株高差异达显著水平（$P=0.05$）；潜水埋深相同时不同灌水水平处理株高间差异不显著。以上分析表明，潜水埋深对冬小麦株高影响较大。

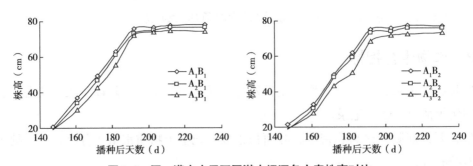

图4-1 同一灌水水平不同潜水埋深冬小麦株高对比

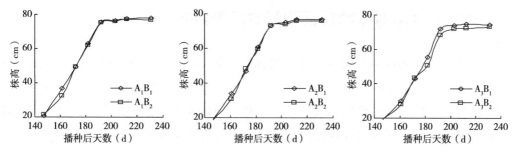

图4-2 同一潜水埋深不同灌水水平冬小麦株高对比

同一灌水水平不同潜水埋深夏玉米株高对比见图4-3，同一潜水埋深不同灌水水平夏玉米株高对比见图4-4。夏玉米播种后拔节—抽雄期间株高为快速增长阶段，抽雄时达到最大值。由于夏玉米全生育期仅进行一次再生水灌溉，且在株高达到最大值以后，因此之前株高变化不受灌水水平影响，仅与潜水埋深有关。显著性分析结果表明，相同灌水水平时潜水埋深对夏玉米株高影响不显著；潜水埋深相同时灌水水平对夏玉米株高影响也不显著。

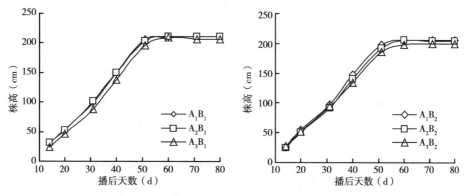

图4-3 同一灌水水平不同潜水埋深夏玉米株高对比

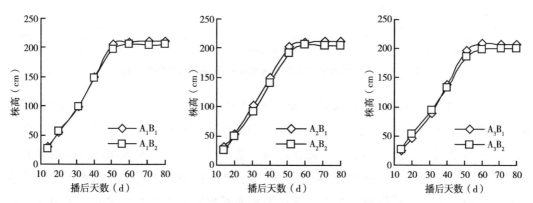

图4-4 同一潜水埋深不同灌水水平夏玉米株高对比

4.4　再生水灌溉对作物叶面积指数的影响规律

同一灌水水平不同潜水埋深冬小麦叶面积指数对比见图4-5，同一潜水埋深不同灌水水平冬小麦叶面积指数对比见图4-6。可以看出，各处理叶面积指数均表现出在返青后至拔节前为快速增长阶段，拔节期（播种后170d左右）达到最大值，以后逐渐递减。同一灌水水平不同潜水埋深叶面积指数大小表现为潜水埋深2m处理>3m处理>4m处理，这是由于潜水埋深越小，在毛管吸力和蒸腾拉力的作用下，土壤水分运移越活跃，越有利于冬小麦对水分和养分的吸收利用，致使浅埋深处理冬小麦叶面积指数较大。同一潜水埋深不同灌水水平处理叶面积指数表现为低水处理大于高水处理，低灌水水平时各处理之间差异达极显著水平（$P=0.01$）；高灌水水平各处理差异不显著。以上分析结果表明，潜水埋深对冬小麦叶面积指数影响较大。

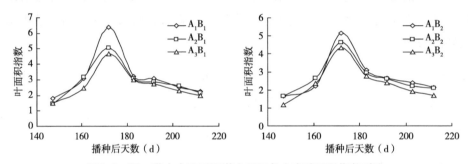

图4-5　同一灌水水平不同潜水埋深冬小麦叶面积指数对比

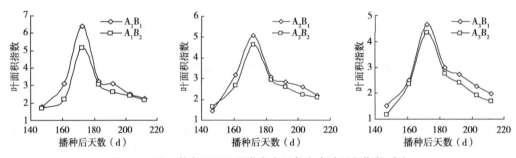

图4-6　同一潜水埋深不同灌水水平冬小麦叶面积指数对比

同一灌水水平不同潜水埋深夏玉米叶面积指数对比见图4-7，同一潜水埋深不同灌水水平夏玉米叶面积指数对比见图4-8。可以看出，同株高的变化规律一致，夏玉米拔节—抽雄期间叶面积指数快速增长。同一灌水水平不同潜水埋深叶面积指数大小变化规律为埋深2m处理>3m处理>4m处理。显著性检验结果表明，灌水水平相同时潜水埋深对夏玉米叶面积指数影响不显著；潜水埋深相同时灌水水平对夏玉米的叶面积指数影响也不显著。

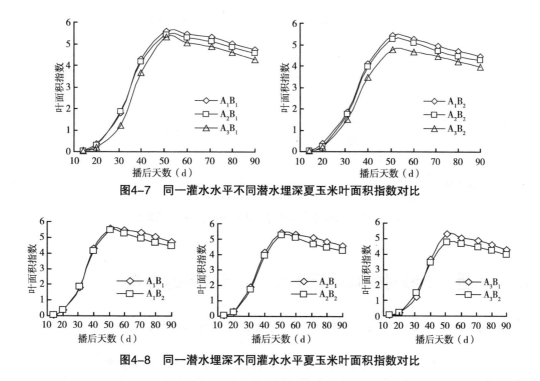

图4-7　同一灌水水平不同潜水埋深夏玉米叶面积指数对比

图4-8　同一潜水埋深不同灌水水平夏玉米叶面积指数对比

4.5　再生水灌溉对冬小麦群体密度的影响规律

同一灌水水平不同潜水埋深冬小麦群体密度对比见图4-9，同一潜水埋深不同灌水水平冬小麦群体密度对比见图4-10。可以看出，拔节前不同处理间群体密度差别较大，相同灌水水平不同潜水埋深处理冬小麦群体密度表现为潜水埋深2m处理>3m处理>4m处理；同一潜水埋深不同灌水水平，低水处理群体密度大于高水处理。显著性检验结果表明，低灌水水平不同潜水埋深处理间差异达极显著水平（$P=0.01$）；高灌水水平时，不同潜水埋深处理间差异不显著。同一灌水水平，潜水埋深2m和3m的低水与高水处理间差异达极显著水平（$P=0.01$），潜水埋深4m的2个处理群体密度间差异达显著水平（$P=0.05$）。以上分析表明，潜水埋深和灌水水平对冬小麦群体密度均有影响。

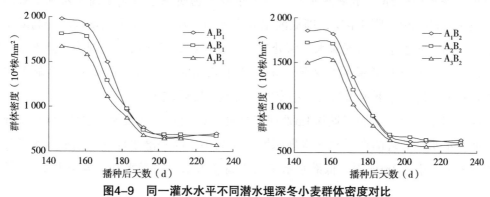

图4-9　同一灌水水平不同潜水埋深冬小麦群体密度对比

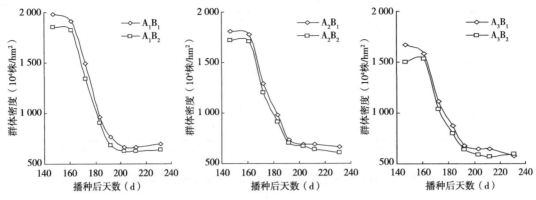

图4-10　同一潜水埋深不同灌水水平冬小麦群体密度对比

4.6　再生水灌溉对作物产量及水分利用效率的影响

不同处理冬小麦收获后干物质量、产量及灌溉水利用效率见表4-3。

表4-3　不同处理冬小麦收获后干物质量、产量、灌溉水利用效率

处理	干物质量（kg/hm²）	产量（kg/hm²）	水分利用效率（kg/m³）
A₁B₁	19 404.70	8 573.10	1.63
A₁B₂	18 556.25	7 388.73	1.19
A₂B₁	15 177.68	7 314.80	1.52
A₂B₂	18 550.42	7 912.73	1.27
A₃B₁	14 963.29	7 115.13	1.48
A₃B₂	16 951.75	7 603.13	1.22

由表4-3可以看出，低灌水水平潜水埋深2m处理冬小麦干物质积累量最大，4m处理最小。潜水埋深2m，低灌水水平处理冬小麦干物质积累量大于高灌水水平处理，潜水埋深3m和4m处理则相反，即低灌水水平处理冬小麦干物质积累量小于高灌水水平处理。同一灌水水平不同潜水埋深处理冬小麦收获后干物质量表现为，随潜水埋深增加而减小。显著性检验结果表明，灌水水平相同时各处理之间差异达到显著水平（P=0.05），说明地下水埋深对冬小麦的干物质量影响较大。

高灌水水平处理，潜水埋深3m处理冬小麦产量最大，其次为潜水埋深4m和2m处理；低灌水水平处理的产量随潜水埋深增大而减小。同一潜水埋深不同灌水水平处理间产量表现为潜水2m埋深，低灌水水平大于高灌水水平；潜水3m和4m埋深，高灌水

水平大于低灌水水平。显著性检验结果表明，灌水水平相同时各处理间差异达显著水平（P=0.05）。

从水分利用效率看，潜水埋深相同时，低灌水水平处理冬小麦水分利用效率均大于高灌水水平处理；低灌水水平潜水埋深2m处理水分利用效率最大，高灌水水平潜水埋深3m处理水分利用效率最大。

表4-4为不同处理夏玉米产量、水分利用效率对比结果。

表4-4　不同处理夏玉米产量、水分利用效率

处理	理论产量（kg/hm²）	水分利用效率（kg/m³）
A_1B_1	8 898.681a	2.114
A_2B_1	8 862.185a	2.106
A_3B_1	7 513.702b	1.785
A_1B_2	9 682.046a	2.147
A_2B_2	9 378.797a	2.080
A_3B_2	7 713.831b	1.711

由表4-4可以看出，灌水水平相同时，潜水埋深2m和3m处理夏玉米产量与潜水埋深4m处理差异达极显著水平。从水分利用效率看，潜水埋深2m和3m处理水分利用效率相差不大，潜水埋深4m处理的水分利用效率最小。

5 再生水灌溉对马铃薯根系及土壤盐分分布影响试验

5.1 试验设计

本试验在中国农业科学院农田灌溉研究所洪门试验站进行。供试土壤干容重为1.55g/cm³，田间持水率为24%（质量含水量），土壤质地为沙壤土。播前测定土壤本底，见表5-1。

表5-1 试验地土壤本底值

土层 （cm）	NO_3^--N （mg/kg）	NH_4^+-N （mg/kg）	全P （mg/kg）	速效P （mg/kg）	速效K （mg/kg）	土壤有机质 （g/kg）	pH值	EC （dS/cm）
0 ~ 20	14.10	0.34	631.2	20.03	258.99	7.73	7.81	0.36
20 ~ 40	27.80	0.13	384.85	7.52	133.42	4.01	7.71	0.38
40 ~ 60	27.73	0.24	290.55	5.47	120.34	3.48	7.88	0.35

本试验采用地下滴灌方式灌水，灌溉水质为再生水（二级处理再生水），取自河南省新乡市骆驼湾污水处理厂。试验设计2个处理，分别为分根交替灌溉（PRD）和充分灌溉（FI），每个处理3次重复。试验小区宽6m、长11.7m。每个小区种植马铃薯8行，行距75cm，株距30cm，脊垄高30cm。

滴灌系统采用以色列耐特菲姆集团（NETAFIM）生产的自动灌溉控制系统。滴灌管埋设在脊垄顶部以下7cm左右，见图5-1。充分灌溉滴头间距为30cm，PRD灌溉采用双管，单管滴头间距60cm，相邻滴头间距30cm，见图5-2，滴头流速为1.0L/h。充分灌溉灌水量R计算公式为：$R=Kc×ET_0$〔Kc：作物系数（经验数据），ET_0：参考作物需水量〕。PRD处理的灌水量为充分灌溉的70%。

分别在垄上、垄坡和垄沟位置埋设时域反射仪（TDR）探头测定土壤水分，探头布设深度为0 ~ 20cm和0 ~ 40cm，充分灌溉TDR探头埋到马铃薯种植处，PRD灌溉埋设在滴头位置和马铃薯种植处，如图5-3所示。

马铃薯2007年3月29日播种，为了确保出苗，播种后对全部处理进行充分灌溉。4月26日至5月6日为出苗期，5月9日开始PRD灌溉处理，6月28日收获。播前施底肥，氮肥为168.9kg/hm²，磷肥为58.2kg/hm²，钾肥为58.2kg/hm²；5月17日追肥，氮肥为28.5kg/hm²，磷肥为16.2kg/hm²，钾肥为16.2kg/hm²，各小区施肥情况一致。

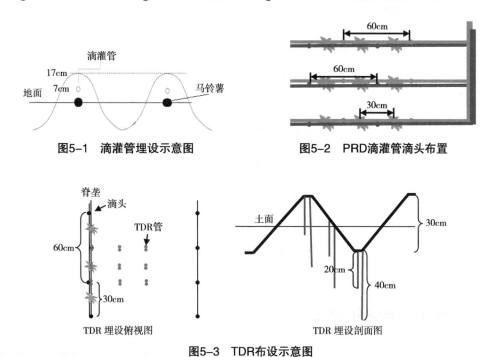

图5-1 滴灌管埋设示意图　　　　　图5-2 PRD滴灌管滴头布置

图5-3 TDR布设示意图

5.2 试验观测项目及方法

土壤含水率采用TDR测定，每2d观测1次。灌水量及时间采用自动灌溉系统控制和记录，追肥采用自动灌溉系统进行。收获后测定各处理产量。

收获前2周按三维坐标取土样，测定马铃薯根长、根重及土壤盐分。采用大口径根钻取样，钻头长15cm、直径7cm。用铁锹在距作物7.5cm处开挖剖面，剖面深度大约1m。用根钻按三维网格坐标取样，即X、Y、Z方向。X方向：沿脊垄方向，取样点坐标分别为$x=0cm$、$x=15cm$（从植株前7.5cm处取第1个样，即$x=0cm$，然后接着取第2个样，即$x=15cm$）；Y方向：水平垂直脊垄方向，取样点坐标分别为$y=0cm$、$y=18.75cm$、$y=37.5cm$（即脊垄顶端T，脊垄斜坡中点M，沟底B）；Z方向：深度方向，取样点坐标分别为$z=15cm$、$z=25cm$、$z=35cm$、$z=45cm$、$z=55cm$、$z=65cm$、$z=75cm$（图5-4）。取回土样后先用清水浸泡数小时，倒入孔径为0.25mm的土壤标准筛冲洗，再用清水漂洗，将洗净的根样置于1%刚果红溶液中浸泡，剔除杂质，采用网格交叉法测定根长（Marsh，1971），烘干后用万分之一天平称重。

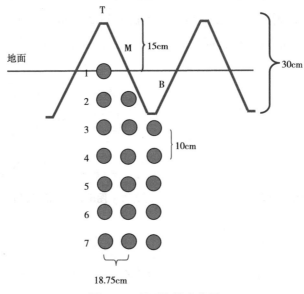

图5-4　根系取样点位置

5.3　土壤含水率变化特征

图5-5为不同处理全生育期土壤含水量对比，FI为充分灌溉处理、PRD1，PRD2分别为相邻的两个滴头、PRD_crop为马铃薯种植处。由图5-5可知，PRD处理前各处理含水率基本一致，PRD处理后无论是垄上、垄坡还是垄沟均表现为充分灌溉（FI）处理的含水率高于分根交替灌溉（PRD）处理。对比PRD处理滴头1（PRD1），滴头2（PRD2）和马铃薯种植处（PRD_crop）的土壤含水率可知，PRD1和PRD2的含水率交替起伏变化，PRD_crop处的含水率处于两者之间，这是由于PRD交替灌溉，使得作物种植处的土壤含水率交替受到两个滴头处含水率变化的影响，处于一个中等含水率水平。从图5-5中还可以看出，在整个生育期内FI处理不同位置处的含水率一直保持一个较高的水平，而PRD处理整个生育期内垄沟含水率最高，垄坡次之，垄上最小，说明PRD处理对脊垄上的含水率影响最大。不同处理含水率差异在垄上最明显，差距最大，垄坡次之，垄沟最小。说明PRD灌溉对土壤水分的影响在脊垄中心位置最大，且随水平距离的增加影响减小，而马铃薯根系也主要集聚在脊垄位置，因此脊垄中心位置处含水率状况是进行节水灌溉的关键控制指标。

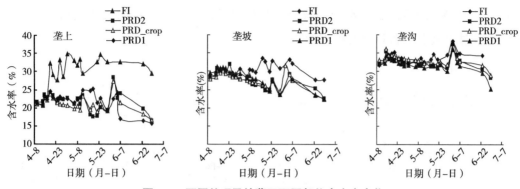

图5-5 不同处理马铃薯田不同部位含水率变化

5.4 马铃薯根长密度分布特征

图5-6为PRD处理马铃薯根系在三维坐标上的分布规律。可以看出，马铃薯根系主要分布在0～60cm土层内。沿X轴方向，$x=0$cm处的根长密度大于$x=15$cm处。沿Y轴方向，$y=0$cm坐标处（脊垄上）的根长密度最大，$y=18.75$cm坐标处（坡上）次之，$y=37.5$cm坐标处（沟底）最小，即随y的增加，根长密度呈减少的趋势。在X方向，马铃薯根长密度随深度的增加而减少。总体规律为以植株为中心，呈发射状沿不同方向减小。

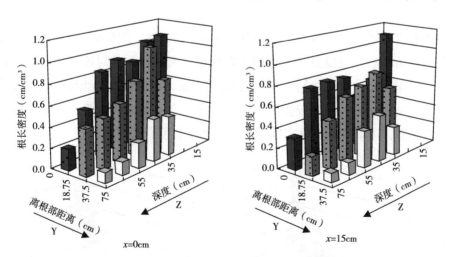

图5-6 PRD处理不同位置根长密度分布

图5-7为PRD处理和充分灌溉（FI）处理同一位置根长密度对比，总体上PRD处理的根长密度大于FI处理，但在$x=0$cm，$y=0$cm；$x=15$cm，$y=0$cm坐标处，45～55cm为分界层，这一层以上FI处理大于PRD处理，以下则PRD处理大于FI处理，这是由于FI的水分充足而PRD处理存在一定的水分亏缺，根系为了吸收水分向更深更远的方向发

展。可见PRD灌溉所产生的水分亏缺能刺激马铃薯根系生长，增加根部生物量，进而增加根系对土壤水分和养分的吸收量。

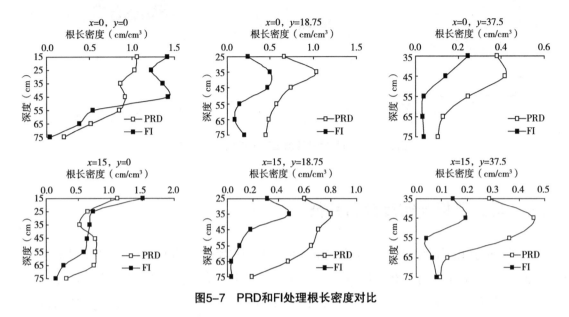

图5-7　PRD和FI处理根长密度对比

5.5　马铃薯根重密度分布特征

PRD处理根重密度在三维坐标上的分布规律见图5-8、图5-9，与根长密度相似，仍然是以植株为中心，呈发射状沿不同方向减小。两处理间的对比结果也与根长密度相似，而且随深度递减的规律越明显，只有$x=15cm$，$y=0cm$坐标处与根长密度的规律不同，这可能是由于某些根系较粗的原因。因此，在不强调根系吸水，侧重研究作物生物量的情况下，可以采用根重密度来分析根系生长发育状况。

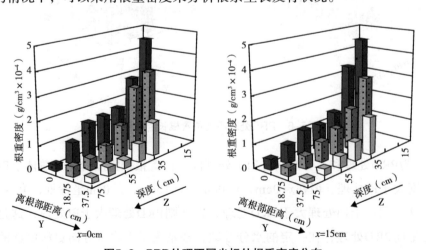

图5-8　PRD处理不同坐标处根重密度分布

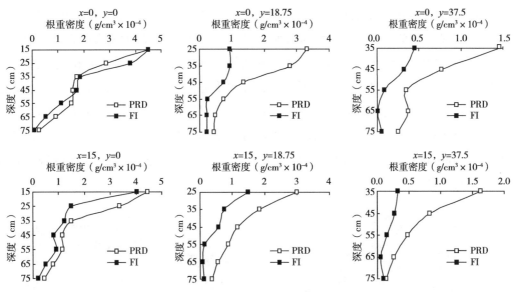

图5-9 PRD和FI处理根重密度对比分析

5.6 再生水灌溉对马铃薯根际土壤EC分布影响

图5-10和图5-11为PRD和FI处理土壤EC分布，可以看出，沿水平方向（垂直脊垄方向），FI处理土壤盐分随水平距离的增加而减小，即距离脊垄中心越远土壤盐分值

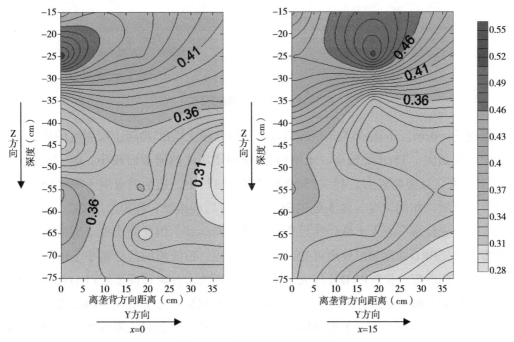

图5-10 PRD处理土壤EC分布

越小，且土壤EC变幅也随水平距离的增加而减小。对于PRD处理，$x=0$cm处（种植作物处）的土壤盐分变幅随水平距离的增加而减小，$x=15$cm土壤EC最大值在$y=18.75$cm处，主要因为PRD处理灌水量小，不能起到很好的淋洗作用，使得盐分在土壤深度内交替运移，同时，随土壤水分的动态变化，在水平方向也交替运移，导致了盐分聚集到中间位置。另外，受PRD灌水方式的影响，在干旱时段内，土壤盐分受土面蒸发的影响向上层运移，而在滴灌湿润时段，受水分淋洗的影响向下层运移，但因脊垄较高（顶部距沟底30cm），使得PRD处理滴头处（$x=15$cm）盐分主要聚集在$y=18.75$cm处，即垄坡位置。

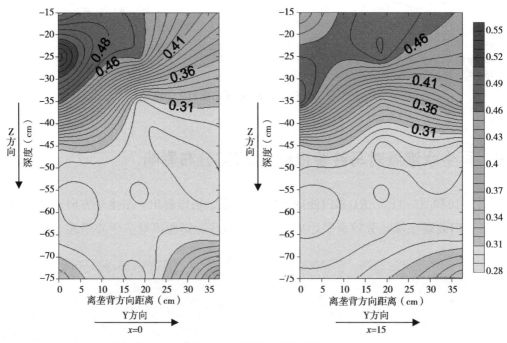

图5-11 FI处理土壤EC分布

无论是$x=0$cm，还是$x=15$cm，PRD处理和FI处理土壤EC均随土层深度的增加而减小，即表层最大，75cm处最小。土壤EC的变幅随深度的增加而减小，0～40cm的土层内EC较大，且变幅较大，40～75cm土层内变幅较小，这是由表层土壤水分时空变异性较大所致。相同深度，滴头处的EC稍大于作物种植处，即$EC_{x=15}>EC_{x=0}$，这是由于水、盐首先经滴头进入土壤，然后再向其他方向运移，因此滴头处土壤盐分应该滞留最多。对比PRD处理和FI处理可知，相同深度内，FI处理的盐分值小于PRD处理，这是由于FI处理灌水量较PRD处理大，使得FI处理的水分运移深度较PRD处理的大，进而使得FI处理的土壤盐分淋洗效果较PRD处理的明显。综上所述，PRD灌溉对土壤盐分的影响在滴头和垄坡处表现最明显，因此进行PRD灌溉时应考虑其对土壤环境的影响。

6 再生水灌溉对马铃薯氮素利用田间试验

6.1 试验设计

马铃薯供试品种为郑薯五号。试验地土壤干容重及土壤质地见表6-1，土壤质地分类按照国际制土壤质地分类标准。

表6-1 土壤干容重和土壤质地分析结果

| 深度（cm） | 各粒级所占百分数（%） | | | 质地 | 干容重（g/cm³） |
	0.02 ~ 2mm	0.002 ~ 0.02mm	<0.002mm		
0 ~ 35	57.75	30.72	11.53	沙壤土	1.40
35 ~ 60	56.60	25.40	18.00	沙质黏壤土	1.42
60 ~ 100	49.92	34.31	15.77	黏壤土	1.42

试验设两种灌水水质（二级处理再生水、二级处理再生水+氯），两种灌水技术（地下滴灌、沟灌），两种灌水方法（分根交替灌溉、充分灌溉），共计6个试验处理，每个处理重复3次，试验处理设计见表6-2。田间小区布置采用正交试验设计，试验小区规格为长11.7m、宽6.0m，小区面积70.2m²。

马铃薯整个生育期内，充分灌水处理保持土壤含水量为田间持水量的90%。灌水处理开始后，分根交替灌溉（PRD）处理灌水量为充分灌水水量的70%。充分灌水处理日灌水量=（土壤水分亏缺量-10mm）+（实际日腾发量-日降水量），土壤水分亏缺量为田间持水量与实测土壤含水量的差值。土壤含水量通过田间埋设的时域反射仪（TDR）测定，TDR埋设位置同第5章。马铃薯生育期内其他管理措施完全一致。

表6-2 田间试验处理设计

处理	灌水水质	灌溉技术	灌水方法
E	二级处理再生水+氯	地下滴灌	分根交替灌溉

（续表）

处理	灌水水质	灌溉技术	灌水方法
F	二级处理再生水+氯	地下滴灌	充分灌溉
I	二级处理再生水	地下滴灌	分根交替灌溉
J	二级处理再生水	地下滴灌	充分灌溉
K	二级处理再生水	沟灌	分根交替灌溉
L	二级处理再生水	沟灌	充分灌溉

6.2 测定内容与方法

6.2.1 灌溉水中氮素测定

试验年份马铃薯全生育期共灌水3次，每次灌水时采集灌水水样，在1次灌水过程中分3次取样，采集水样两瓶（每瓶500mL），样品采集后及时送检或冷冻保存。测试指标包括NO_3^--N、NH_4^+-N、pH值及电导率（EC）。灌溉水中NO_3^--N、NH_4^+-N采用流动分析仪（德国BRAN LUEBBE AA3）测定。pH值采用PHS-1型酸度计测定，电导率采用电导仪测定。灌溉水水质测定结果见表6-3。

表6-3　灌溉水成分

取样日期 （年-月-日）	NO_3^--N（mg/L）	NH_4^+-N（mg/L）	pH值	EC（dS/m）
2007-5-12	4.406	28.439	7.75	1.98
2007-5-20	5.810	30.713	7.68	2.00
2007-6-10	5.100	29.566	7.63	2.03

6.2.2 土壤氮素测定

马铃薯种植前及收获后，每个试验处理小区用直径为3.5cm土钻钻取土样，取土层次0～30cm、30～60cm，每个小区钻取土壤样本6个，混合均匀组成1个混合样。土壤中NO_3^--N、NH_4^+-N分析方法：称取鲜土样10g，加入1mol/L $CaCl_2$溶液50mL，振荡0.5h后，静置1h，取上清液，采用流动分析仪（德国BRAN LUEBBE AA3）测定。

6.2.3 植株氮素测定

首先将植物样品烘干、磨碎，称取0.500g，置于50mL消煮管中，先滴加数滴水湿润样品，然后加入8mL浓硫酸，轻轻摇匀，在管口放置弯颈小漏斗，放置过夜。在消煮炉上文火消煮，当溶液呈均匀的棕黑色时取下。稍冷后，加入10滴H_2O_2到消煮管的底部，摇匀，再加热至微沸，消煮约5min取下，重复加H_2O_2 5～10滴，如此重复3～5次，每次添加的H_2O_2应逐次减少，消煮至溶液呈无色或清亮后，再加热5～10min，以除尽剩余的H_2O_2。取下，冷却，用少量水冲洗弯颈漏斗，洗液流入消煮管中，将消煮液无损地洗入100mL容量瓶中，用水定容，摇匀。放置澄清后取上层清液进行稀释，使用流动分析仪（德国BRAN LUEBBE AA3）进行植物全N的测定。

6.3 不同处理下灌溉水利用效率研究

为了满足马铃薯移栽后对水分的需求，每个田间试验小区灌水34.72mm作为播前灌水。灌水处理后，PRD处理和充分灌溉处理的灌水量分别为50.58mm和69.05mm，马铃薯全生育期内，PRD处理及充分灌溉处理的灌水量分别为85.30mm和103.77mm。由表6-4可知，PRD处理产量与充分灌溉处理差异不大，但PRD处理I、K产量较充分灌溉处理J、L略有提高，分别提高14.44%、18.54%。但PRD处理（E、I、K）灌溉水利用效率显著高于充分灌溉处理（F、J、L），分别提高21.48%、39.21%和44.21%（$P=0.05$），这可能主要因为PRD处理作物部分根系处于水分胁迫时产生的根源信号脱落酸传输至地上部叶片，调节气孔开度，大量减少其奢侈的蒸腾耗水，同时PRD处理使作物不同根区经受适宜的水分胁迫锻炼，刺激作物根系发育，明显增加根系密度，有利于充分利用土壤中的水、肥，从而使作物光合产物积累不至于减少甚至略有增加。

表6-4 各处理不同生育阶段灌水量及灌溉水利用效率

处理	灌水量（mm）					产量（t/hm²）	灌溉水利用效率[kg/（hm²·mm）]
	灌前水	第1次	第2次	第3次	总灌水量		
E	34.72	10.14	15.94	24.50	85.30	9.62a	112.82a
F	34.72	10.14	22.78	36.13	103.77	9.64a	92.87b
I	34.72	10.14	15.94	24.50	85.30	11.57a	135.59a
J	34.72	10.14	22.78	36.13	103.77	10.11a	97.40b
K	34.72	10.14	15.94	24.50	85.30	7.48a	87.75a
L	34.72	10.14	22.78	36.13	103.77	6.31a	60.85b

6.4 土壤—作物系统氮素利用效率研究

6.4.1 不同处理植株体内氮素含量

图6-1为不同处理马铃薯植株体内全N含量。充分灌溉处理F、J植株体内残留全N较PRD处理E、I高，分别高0.5%、3.37%；而充分灌溉处理L植株体内残留全N较PRD处理K低2.86%。充分灌溉处理（F、J、L）植株体内残留全N与PRD处理（E、I、K）植株体内残留量对比差异并不明显（$P=0.05$），这主要是因为分根区交替灌溉使马铃薯根系经受一定程度的水分胁迫锻炼，刺激根系吸收补偿功能，复水后提高马铃薯对水氮吸收，因此PRD处理植株体内残留N较充分灌溉处理无明显差异。

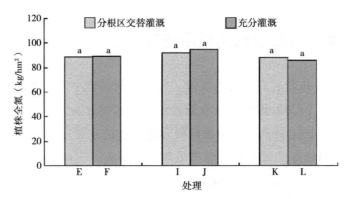

图6-1 马铃薯收获后不同处理植株体内全N含量

注：图中不同字母表示各处理间差异达显著性，下同。

6.4.2 不同处理土壤氮素残留量

图6-2为不同处理土壤中残留NO_3^--N、NH_4^+-N及矿物质N含量随土层深度变化。

图6-2a表明，充分灌溉处理J和L土壤中残留NO_3^--N显著高于PRD处理I和K（$P=0.05$），所有充分灌溉处理不同土层（0～30cm和30～60cm）土壤中残留NO_3^--N较PRD处理高，分别高2.01%、20.31%、17.68%和17.54%、19.52%、38.16%。图6-2b表明，除PRD处理E表层土壤中残留NH_4^+-N显著高于充分灌溉处理F土壤中残留量（$P=0.05$），其他处理对比差异均不明显；所有充分灌溉处理下层土壤中残留NH_4^+-N较PRD处理高，分别高10.34%、3.75%、2.02%。图6-2c表明，充分灌溉处理J和L土壤中残留矿质N显著高于PRD处理I和K（$P=0.05$），所有充分灌溉处理不同土层（0～30cm和30～60cm）土壤中残留矿质N较PRD处理高，分别高1.30%、19.63%、17.05%和13.52%、18.45%、33.17%。这主要由于充分灌溉处理灌溉水中输入N素较多，因此充分灌溉处理土壤中NO_3^--N及矿质N残留量较PRD处理多。

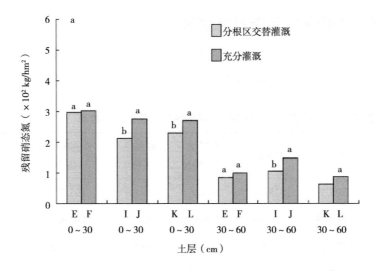

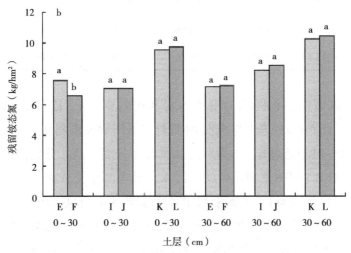

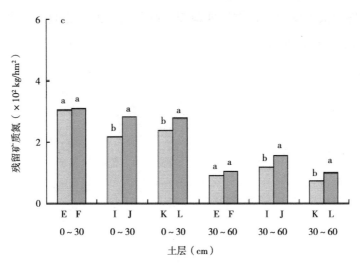

图6-2　马铃薯收获后不同处理土壤残留N含量

6.4.3 土壤—作物系统氮素利用效率

表6-5为马铃薯全生育期内土壤—植物系统N素的分布及作物N素利用效率（作物产量/作物吸收N）和农田N素利用效率〔作物产量/（施肥量+灌溉水中N）〕。

表6-5 不同处理土壤—作物系统氮素平衡及氮素利用效率　　　　　　单位：kg/hm^2

处理	作物吸收N	残留N	本底值	施肥量折合纯N	灌溉水中N	作物N利用效率	农田N利用效率
E	85.53	399.35b	318.00	168.86	29.59	108.71a	48.49a
F	88.97	415.98a	318.00	168.86	35.60	108.32a	47.14a
I	91.83	335.12b	318.00	168.86	29.59	125.95a	58.28a
J	94.92	437.62a	318.00	168.86	35.60	106.48b	49.43b
K	88.27	313.15b	318.00	168.86	29.59	84.80a	37.72a
L	85.74	338.54a	318.00	168.86	35.60	73.64b	30.33b

由表6-5可以看出，PRD处理作物N素利用效率（I、K）显著高于充分灌溉处理（J、L），而PRD处理E与充分灌溉处理F作物N素利用效率差异并不明显（$P=0.05$），所有PRD处理作物N素利用效率较充分灌溉高，分别高0.36%、18.29%和15.15%。PRD处理农田N素利用效率（I、K）显著高于充分灌溉处理（J、L），而PRD处理E与充分灌溉处理F作物N素利用效率差异并不明显（$P=0.05$），所有PRD处理作物N素利用效率较充分灌溉高，分别高2.86%、17.90%和24.37%。除处理E和F外，PRD处理农田N利用效率及作物N利用效率均显著高于充分灌溉处理，这主要因为PRD处理对作物的根系刺激、作物生理调控机制及土壤的生态激励，水分亏缺并未显著降低作物对N素的吸收利用及作物产量。

7 再生水灌溉对设施土壤氮素转化特征影响

本试验选用的再生水来自城市生活污水，其处理后全氮、硝态氮、铵态氮浓度分别为45mg/L、6mg/L、30mg/L左右，是清水（自来水）的12倍、10倍、14倍左右。前人的研究结果表明，水肥管理对土壤氮素矿化具有显著的激发效应，为了进一步研究再生水灌溉施氮对土壤氮素矿化的调控作用，通过再生水灌溉根际和非根际土壤氮素形态变化特征、根层土壤氮素盈亏，明确再生水灌溉土壤氮素矿化激发效应，并利用统计模型模拟再生水灌溉施氮对土壤氮素演变特征，以期探明再生水灌溉施氮对土壤氮素矿化过程的影响。

7.1 试验设计与材料方法

7.1.1 试验设计

试验共设5个处理，每个处理重复3次，共计15个小区，田间试验小区布置详见图7-1。ReN1处理：再生水灌溉+常规氮肥追施处理，即每次追施氮肥量为90kg/hm²；ReN2处理：再生水灌溉+氮肥追施减量20%，即每次追施氮肥量为72kg/hm²；ReN3处理：再生水灌溉+氮肥追施减量30%，即每次追施氮肥量为63kg/hm²；ReN4处理：再生水灌溉+氮肥追施减量50%，即每次追施氮肥量为45kg/hm²；CK处理：清水灌溉+常规氮肥追施处理，即每次追施氮肥量为90kg/hm²。基施肥料有化肥和有机肥，磷、钾和有机肥100%作为底肥一次施入，其中磷肥180kg/hm²、钾肥180kg/hm²，基施化肥（折合纯氮）180kg/hm²，有机肥为腐熟风干鸡粪8 000kg/hm²（N 1.63%、P_2O_5 1.54%、K_2O 0.85%）。其他田间管理措施完全一致。

供试番茄品种为冬春茬普遍栽培的品种，2013—2015年播种育苗日期分别为2月10日、2月13日、3月2日；移栽定植日期分别为3月23日、3月29日、4月11日；打顶日期分别为6月5日、5月30日、6月5日；收获日期分别为7月27日、7月27日、7月28日；2013年分别于5月10日（第一穗果膨大期）、5月30日（第二穗果膨大期）和6月20日（第四穗果膨大期）追施氮肥3次；2014年分别于5月14日（第一穗果膨大期）、5月

25日（第二穗果膨大期）和6月12日（第四穗果膨大期）追施氮肥3次；2015年分别于5月20日（第一穗果膨大期）、6月5日（第二穗果膨大期）和6月20日（第四穗果膨大期）追施氮肥3次。

番茄全生育期共灌水8次，移栽活苗期采用清水灌溉，灌水2次，番茄开花结果期开始采用再生水灌溉，灌水6次，总灌溉量为2 500m³/hm²。灌溉方式为地表滴灌、充分灌溉，单次灌水量根据根层预埋TDR测定的土壤含水率计算，计划湿润层深度为40cm；栽培方式均为传统的宽窄行种植，每株留果5穗，畦宽1.0m，畦间距0.5m，株距0.3m，行距0.75m，种植密度为每公顷4.5万株。番茄生育期内其他管理措施完全一致。

处理	ReN1	ReN1	ReN1	ReN2	ReN2	ReN2	ReN3	ReN3	ReN3	ReN4	ReN4	ReN4	CK	CK	CK
灌水水质	城市生活再生水												清水		
灌水量	地表滴灌、充分灌溉，计划湿润层深度40cm，TDR监测根层土壤含水量变化														
底肥用量	磷肥、钾肥和有机肥作为底肥一次施入，其中磷肥180kg/hm²，钾肥180kg/hm²，基施化肥（折合纯氮）180kg/hm²；有机肥为腐熟风干鸡粪8 000kg/hm²（N 1.63%、P₂O₅ 1.54%、K₂O 0.58%）														
施肥量	90+90+90kg/hm²			72+72+72kg/hm²			63+63+63kg/hm²			45+45+45kg/hm²			90+90+90kg/hm²		
施肥时间	第一穗果膨大期（5月上旬）、第二穗果膨大期（5月下旬）、第四穗果膨大期（6月中旬）														

图7-1 试验处理及试验设计

7.1.2　材料方法

7.1.2.1　灌水水质

试验用再生水取自河南省新乡市骆驼湾污水处理厂，清水为自来水。测试指标包括硝态氮、铵态氮、全氮、全磷、总镉、铬（六价）、高锰酸盐指数、pH值和全盐量。灌溉水中硝态氮、铵态氮、全氮和全磷采用流动分析仪（德国BRAN LUEBBE AA3）测定；pH值采用PHS-1型酸度计测定；全盐量采用电导率仪测定；高锰酸盐指数采用COD分析仪测定；总镉和铬（六价）采用原子吸收分光光度计测定（SHIMADZU AA-6300）。

7.1.2.2　土壤样品

采集番茄种植前及收获后土壤样品。分别于移栽前（2013年3月、2014年3月、

2015年3月）、收获后（2013年8月、2014年8月、2015年8月）采集土壤样品。土壤样品采集采用5点取样法，利用直径为3.5cm标准土钻取土壤样本，每层采集土壤样本5个，混合均匀成1个样本，每个样本重量不低于0.5kg，采样深度分别为0~10cm、10~20cm、20~30cm、30~40cm、40~60cm。

采集番茄生育期土壤样品。分别于番茄第一穗果膨大期、第二穗果膨大期、第四穗果膨大期、完熟期采集土壤样品。各小区随机选取长势健康番茄植株，收获番茄地上部后，挖取植株根系，采用抖根分离法取根系所附着土壤，用软毛刷刷下土壤为根际土壤，同时取相应植株行间土壤为非根际土壤。

土壤测试指标为pH值、电导率（EC）、硝态氮、铵态氮、全氮、有机质、土壤微生物总量。土壤中pH值采用玻璃电极法测定；EC采用电导率仪测定；硝态氮、铵态氮采用流动分析仪（德国BRAN LUEBBE AA3）测定。土壤中硝态氮、铵态氮分析方法：称取鲜土样10g，加入1mol/L CaCl$_2$溶液50mL，振荡0.5h后，中性滤纸过滤，取上清液。硝态氮及铵态氮含量采用流动分析仪上机测定。

7.1.2.3 数据处理与统计分析

所有田间和室内试验数据用Microsoft Excel 2013绘图；用DPS 14.50软件中的单因素方差分析和两因素方差分析进行显著性分析；利用Duncan's新复极差法进行多重比较，置信水平为0.05。

7.2 再生水灌溉根际、非根际土壤氮素演变特征

7.2.1 再生水灌溉根际、非根际土壤矿质氮演变特征

图7-2为不同施氮处理再生水灌溉根际、非根际土壤矿质氮含量随生育期变化特征。各处理根际土壤矿质氮含量均低于非根际土壤（图7-3），各处理根际土壤矿质氮均值较非根际土壤降低了9.18%。第一穗果膨大期，ReN1、ReN2、ReN3、ReN4和CK根际土壤矿质氮含量分别较非根际土壤低12.21%、9.48%、9.82%、0.95%、1.72%；第二穗果膨大期，ReN1、ReN2、ReN3、ReN4和CK根际土壤矿质氮含量分别较非根际土壤低13.66%、11.21%、10.44%、1.32%、3.56%；第四穗果膨大期，ReN1、ReN2、ReN3、ReN4和CK根际土壤矿质氮含量分别较非根际土壤低9.13%、9.85%、9.71%、2.44%、15.99%；番茄生育末期，ReN1、ReN2、ReN3、ReN4和CK根际土壤矿质氮含量分别较非根际土壤低15.45%、9.33%、9.83%、2.25%、20.63%。根际土壤矿质氮含量低于非根际土壤，表明番茄对矿质氮的吸收利用以根际土壤为主，同时，根际土壤与非根际土壤矿质氮含量梯度差，也促进了非根际土壤矿质营养

向根际土壤迁移，提高了土壤氮素利用效率。

ReN1、ReN2、ReN3、ReN4和CK，根际土壤矿质氮含量分别介于51.42~93.02mg/kg、41.32~104.26mg/kg、42.84~101.50mg/kg、49.32~86.92mg/kg、26.66~68.90mg/kg。第一穗果膨大期，ReN1、ReN2、ReN3、ReN4根际土壤矿质氮含量分别较CK处理提高了1.08倍、1.20倍、0.59倍、0.40倍；第二穗果膨大期，ReN1、ReN2、ReN3、ReN4根际土壤矿质氮含量分别较CK处理提高了35.00%、51.31%、47.32%、26.16%；第四穗果膨大期和生育末期，根际土壤矿质氮含量均高于40mg/kg，根际土壤矿质氮保持在较高水平，特别是ReN1番茄生育末期根际土壤矿质氮达到50.52mg/kg。

ReN1、ReN2、ReN3、ReN4和CK，非根际土壤矿质氮含量分别介于57.77~107.74mg/kg、45.57~117.42mg/kg、47.51~113.34mg/kg、51.69~88.09mg/kg、31.58~71.45mg/kg。番茄不同生育阶段，各处理非根际土壤矿质氮含量动态变化和根际土壤基本一致，即再生水灌溉减施追肥处理非根际土壤矿质氮的含量均高于CK处理。

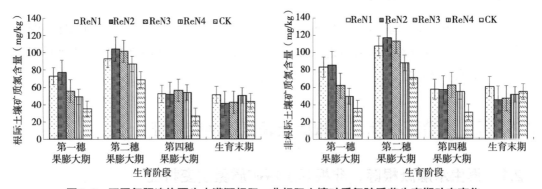

图7-2 不同氮肥追施再生水灌溉根际、非根际土壤矿质氮随番茄生育期动态变化

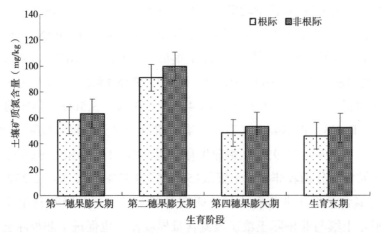

图7-3 各处理根际、非根际土壤矿质氮均值随番茄生育期动态变化

特别是，第一穗果膨大期、第二穗果膨大期和第四穗果膨大期，ReN1、ReN2、ReN3和ReN4处理根际、非根际土壤矿质氮含量显著高于CK处理（$P<0.05$），表明与清水灌溉常规氮肥追施相比，再生水灌溉促进了土壤有机氮的矿化和硝化作用，进而提高了根际、非根际土壤矿质氮的含量。

7.2.2　再生水灌溉根际、非根际土壤全氮演变特征

图7-4为不同施氮处理再生水灌溉根际、非根际土壤全氮含量随生育期变化特征。各处理根际土壤全氮含量均高于非根际土壤（图7-5），各处理根际土壤全氮均值较非根际土壤提高了8.70%。第一穗果膨大期，ReN1、ReN2、ReN3、ReN4和CK根际土壤全氮含量分别较非根际土壤高14.93%、12.44%、11.33%、7.76%、15.45%；第二穗果膨大期，ReN1、ReN2、ReN3、ReN4和CK根际土壤全氮含量分别较非根际土壤高6.34%、10.68%、12.78%、12.29%、21.17%；第四穗果膨大期，ReN1、ReN2、ReN3、ReN4和CK根际土壤全氮含量分别较非根际土壤高7.12%、5.11%、0.22%、4.24%、6.27%；番茄生育末期，ReN1、ReN2、ReN3、ReN4和CK根际土壤全氮含量分别较非根际土壤高8.97%、3.18%、3.62%、3.05%、12.05%。根际土壤中全氮含量略高于非根际土壤，这可能与土壤微生物活动有关，土壤微生物（微生物量氮）在根际土壤富集，从而提高根际土壤有机氮的含量。

番茄第一穗果膨大期，ReN1、ReN2、ReN3和ReN4处理根际土壤全氮含量分别较CK处理提高了23.86%、14.68%、8.33%、2.42%，番茄生育末期，ReN1、ReN2、ReN3和ReN4处理根际土壤全氮含量分别较CK处理提高了21.17%、2.62%、4.47%、4.83%；但番茄第二穗果膨大期，ReN1、ReN2、ReN3和ReN4处理根际土壤全氮含量分别较CK处理降低了1.69%、5.35%、6.81%、6.46%，番茄第四穗果膨大期，ReN1、ReN2、ReN3和ReN4处理根际土壤全氮含量分别较CK处理降低了2.97%、8.34%、11.73%、8.15%。

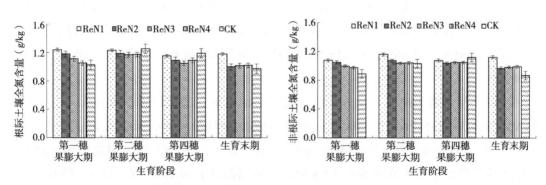

图7-4　不同施氮处理再生水灌溉根际、非根际土壤全氮随番茄生育期动态变化

除第四穗果膨大期，ReN1、ReN2、ReN3和ReN4处理，番茄非根际土壤全氮含

量低于CK处理外，第一穗果膨大期、第二穗果膨大期和生育末期，ReN1、ReN2、ReN3和ReN4处理番茄非根际土壤全氮含量均高于CK处理。特别是番茄生育末期，ReN1非根际土壤全氮含量较第一穗果膨大期增加0.04g/kg，表明ReN1处理氮肥输入过量，造成氮在非根际土壤中的累积。第二穗果膨大期和第四穗果膨大期，再生水灌溉处理根际土壤全氮含量低于CK处理，这也进一步印证了再生水灌溉处理促进了番茄对土壤氮素的吸收利用。

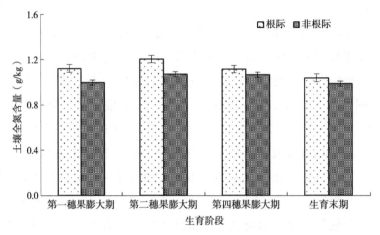

图7-5　各处理根际、非根际土壤全氮均值随番茄生育期动态变化

7.3　再生水灌溉土壤氮素年际变化特征

7.3.1　再生水灌溉土壤氮素年际矿化特征

土壤矿质氮的含量是评价土壤肥力的重要指标之一，土壤矿质氮含量增加可以显著提高土壤氮素生物有效性和土壤供氮能力。2013—2015年不同施氮再生水灌溉处理0~60cm土层矿质氮残留特征详见图7-6。与CK处理相比，0~60cm土层矿质氮含量均值分析结果表明，ReN1、ReN2、ReN3、ReN4处理0~60cm土层矿质氮含量均值分别提高了46.68%、43.46%、13.41%和27.78%。再生水灌溉处理提高了0~60cm土层矿质氮含量。

不同土层土壤矿质氮含量分析结果表明，2014年、2015年番茄收获后，ReN1、ReN2、ReN3和ReN4处理0~10cm土层矿质氮残留量均值显著高于CK处理，分别提高了32.29%、60.49%、26.31%、36.62%；ReN1、ReN2、ReN3和ReN4处理10~20cm土层矿质氮残留量均值亦显著高于CK处理，分别提高了59.13%、65.82%、36.02%、38.82%（$P<0.05$）。对于20~30cm、30~40cm、40~60cm土层，除ReN1处理土壤矿质氮的含量显著高于对照处理外，其他处理之间差异并不明显。这就表明，再生水灌

溉提高了表层土壤矿质氮的含量，提高了土壤氮素利用效率。

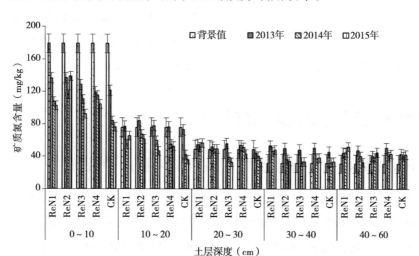

图7-6　2013—2015年不同施氮再生水灌溉处理0～60cm土层矿质氮残留特征

7.3.2　再生水灌溉土壤氮素年际残留特征

2013—2015年不同施氮再生水灌溉处理0～60cm土层全氮残留特征详见图7-7。0～60cm土层全氮含量均值分析结果表明，与CK处理相比，除ReN2处理全氮含量均值提高了5.71%，ReN1、ReN3和ReN4处理全氮含量均值分别降低了0.65%、2.52%和5.20%，但差异并不明显（$P<0.05$）。

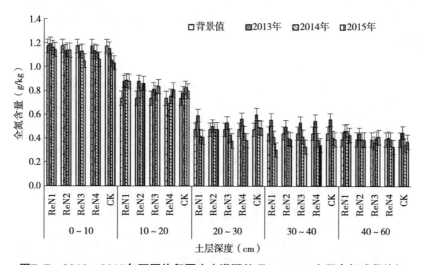

图7-7　2013—2015年不同施氮再生水灌溉处理0～60cm土层全氮残留特征

不同土层土壤全氮含量分析结果表明，2015年番茄收获后，ReN1和ReN2处理0～10cm土层全氮残留量显著高于CK处理，分别提高了11.03%、10.52%；ReN1处理10～20cm土层全氮残留量亦显著高于CK处理，达到了10.00%（*P*<0.05）。对于20～30cm、30～40cm、40～60cm土层，各处理土壤全氮的残留量差异并不明显（*P*<0.05）。2013—2015年0～60cm土层全氮残留特征表明，再生水作为一种"肥水"，具有明显施肥效应，可以有效减少化学肥料的施用量。

7.4 再生水灌溉土壤氮素消耗特征

7.4.1 不同施氮再生水灌溉土壤矿质氮矿化利用特征

以2015年番茄种植前和收获后土壤矿质氮含量为例，不同处理土壤矿质氮含量及矿化利用量详见图7-8和表7-1。种植前再生水灌溉处理0～10cm、30～40cm土层土壤矿质氮的含量均显著高于CK处理，特别是ReN2和ReN3处理0～10cm、10～20cm、20～30cm、30～40cm土层土壤矿质氮的含量均显著高于CK处理。

番茄收获后，ReN2处理0～10cm、10～20cm、20～30cm、30～40cm土层土壤矿质氮矿化利用量分别为60.00mg/kg、44.62mg/kg、32.75mg/kg、21.26mg/kg，均显著高于CK处理，分别提高了4.37倍、2.14倍、0.99倍、0.47倍；ReN1处理10～20cm、30～40cm、40～60cm土层土壤矿质氮矿化利用量分别为5.47mg/kg、−0.28mg/kg、−11.90mg/kg，均显著低于CK处理，分别降低了0.61倍、1.02倍、1.46倍；特别是ReN1、ReN2、ReN3、ReN4处理40～60cm土层土壤矿质氮矿化利用量均显著低于CK处理，分别降低了1.46倍、0.42倍、0.44倍、0.40倍。以上结果表明，再生水灌溉提高了30cm以上土层土壤氮素矿化，但过量氮肥投入则会增加深层（40～60cm）土壤氮素矿化淋溶风险。

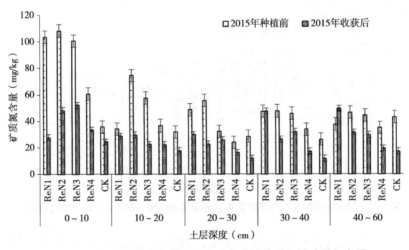

图7-8 不同施氮再生水灌溉处理番茄种植前后土样矿质氮含量

表7-1 不同施氮再生水灌溉处理矿质氮矿化利用量

		土层深度				
		0～10cm	10～20cm	20～30cm	30～40cm	40～60cm
矿质氮矿化利用量（mg/kg）	ReN1	75.76a	5.47d	18.59b	−0.28c	−11.90c
	ReN2	60.00b	44.62a	32.75a	21.26a	14.91b
	ReN3	48.34c	34.82b	6.42c	13.71b	14.52b
	ReN4	27.00d	14.31c	7.68c	16.57b	15.46b
	CK	11.17e	14.19c	16.48b	14.46b	25.71a

7.4.2 不同施氮再生水灌溉土壤全氮残留特征

以2015年番茄种植前和收获后土壤全氮含量为例，不同处理土壤全氮含量及全氮盈亏详见图7-9和表7-2。种植前再生水灌溉处理各土层土壤全氮的含量与CK处理差异并不明显；番茄收获后，ReN1处理0～10cm、10～20cm、20～30cm、30～40cm、40～60cm土层土壤全氮含量盈余分别为0.16g/kg、0.02g/kg、0.08g/kg、0.12g/kg、0.12g/kg，CK处理0～10cm、10～20cm、20～30cm、30～40cm、40～60cm土层土壤全氮含量盈余分别为0.03g/kg、0.02g/kg、0.06g/kg、0.02g/kg、0.10g/kg，而ReN4处理0～10cm、10～20cm、20～30cm土层土壤全氮含量盈余为−0.01g/kg、−0.03g/kg、−0.01g/kg，ReN2和ReN3处理0～60cm土层土壤全氮总盈余分别为0.06g/kg、0.03g/kg。表明ReN1和CK处理造成了氮素在0～60cm土层土壤中的累积，而ReN4处理则表现出一定程度的亏缺，ReN2和ReN3处理则基本维持土壤氮库平衡。

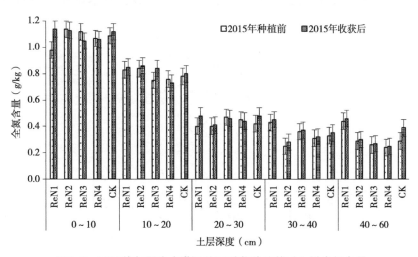

图7-9 不同施氮再生水灌溉处理番茄种植前后土样全氮含量

表7-2　不同施氮再生水灌溉处理全氮消耗量

		土层深度				
		0~10cm	10~20cm	20~30cm	30~40cm	40~60cm
全氮消耗量（g/kg）	ReN1	-0.16c	-0.02ab	-0.08b	-0.12b	-0.12b
	ReN2	0.01b	-0.02ab	-0.01a	-0.03a	-0.01a
	ReN3	0.07a	-0.09b	0.01a	-0.01a	-0.01a
	ReN4	0.01b	0.03a	0.01a	-0.01a	-0.01a
	CK	-0.03bc	-0.02ab	-0.06b	-0.02a	-0.10b

7.5　再生水灌溉土壤氮素残留特征模拟

7.5.1　再生水灌溉条件下土壤氮素对环境因子响应特征

利用主成分分析（PCA）确定影响土壤氮素矿化量的环境因子，如pH值、OM（有机质）、TN（全氮）、TP（全磷）、AK（有效钾）、IM（灌水量）、IY（灌溉年限）、Fer（施肥量）、Nmin（土壤矿质氮残留量）。首先对不同处理环境因子进行标准化处理，消除量纲的影响，采用Z-score方法进行标准化处理后，求解相关系数矩阵，然后确定样本相关矩阵R的特征方程的特征根，当前面m个分量Z_1，Z_2，…，Z_m（$m<p$）的方差和占前面总方差的比例$\alpha \geqslant 0.85$时，则前m个因子对应分量Z_1、Z_2、…、Z_m为影响土壤氮素矿化量的m个主分量。把各环境因子的标准化数据分别代入各主成分的表达式中，即可以得出样本各主成分的得分Z^*。由表7-3可知，提取的第一主成分和第二主成分，特征值分别为1.86、1.36，第一主成分和第二主成分的贡献率为86.33%，超过85%，说明第一主成分和第二主成分基本反映了9项指标的全部信息。

$$Z_{ij} = \frac{(x_{ij} - \overline{x}_j)}{\dfrac{1}{n-1}\left[\displaystyle\sum_{i=1}^{n}(x_{ij} - x_j)^2\right]}$$

$$\overline{x}_j = \frac{1}{n}\sum_{i=1}^{n}x_{ij}$$

$$R = \frac{1}{n-1}Z_{ij}^T Z_{ij} = \frac{1}{n-1}Z_{ij}\begin{bmatrix} r_{11} & r_{12} & \cdots & r_{1p} \\ r_{21} & r_{22} & \cdots & r_{2p} \\ \vdots & \vdots & \vdots & \vdots \\ r_{n1} & r_{n2} & \cdots & r_{np} \end{bmatrix}$$

$$| R - \lambda I | = 0, \ \alpha = \frac{\sum\limits_{j=1}^{m} \lambda_j^3}{\sum\limits_{j=1}^{p} \lambda_j} \times 0.85$$

$$Z^* = \begin{bmatrix} \lambda_{11} & \lambda_{12} & \cdots & \lambda_{1m} \\ \lambda_{21} & \lambda_{22} & \cdots & \lambda_{2m} \\ \vdots & \vdots & \vdots & \vdots \\ \lambda_{i1} & \lambda_{i2} & \cdots & \lambda_{im} \end{bmatrix} \begin{bmatrix} x_{11} & x_{12} & \cdots & x_{1m} \\ x_{21} & x_{22} & \cdots & x_{2m} \\ \vdots & \vdots & \vdots & \vdots \\ x_{n1} & x_{n2} & \cdots & x_{im} \end{bmatrix}$$

式中，x_{ij}为环境因子；$\overline{x}_{ij}$为对应环境因子的均值，$i=1$，2，$\cdots$，n；$j=1$，2，$\cdots$，p；Z_{ij}为对应环境因子的标准化值；Z^*为样本各主成分的得分。

表7-3　土壤氮素矿化各主成分的特征值、贡献率和累计贡献率

主成分	特征值	贡献率（%）	累计贡献率（%）
1	1.86	49.87	49.87
2	1.36	36.46	86.33
3	0.21	5.63	91.96
4	0.16	4.29	96.25
5	0.14	3.75	100.00

PCA前两轴特征值分别为0.54、0.40，土壤氮素与环境因子排序轴的相关系数为0.998和0.996，因此排序图能够反映土壤氮素与环境因子之间的关系（图7-10）。

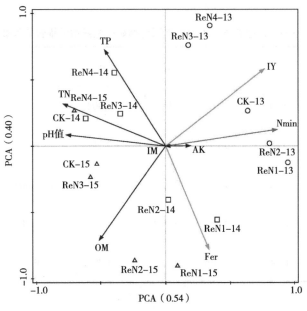

图7-10　土壤矿质氮残留量与环境因子主成分分析（PCA）结果

箭头连线的长短表示土壤氮素与环境因子的相关性，灌溉年限（IY）、氮肥追施量（Fer）与土壤氮素矿化的夹角较小，且处于同一象限，表明灌溉年限（IY）、氮肥追施量（Fer）是影响土壤氮素矿化的主要因子。

7.5.2　施氮和再生水灌溉调控土壤氮素矿化特征模拟

利用Matlab进行计算分析不同灌溉年限、氮素追施量与不同土层土壤矿质氮残留累积量的相关关系，以灌溉年限、氮素追施量为自变量，土壤矿质氮残留累积量为因变量，不同氮素追施水平再生水灌溉土壤矿质氮残留累积耦合模型可近似表达为：

$$Nmin=a+bI+cF+b_1I^2+dFI+c_1F^2$$

式中，Nmin为土壤矿质氮残留量（mg/kg）；I为灌溉年限（年）；F为氮素追施量（kg/hm^2）；a、b、c、d、b_1、c_1为土壤氮素矿化相关经验参数。

经验常数取值详见表7-4，不同土层土壤矿质氮残留量与灌溉年限、氮肥追施量的模拟结果详见图7-11。模拟的结果表明，不同土层土壤矿质氮残留量与灌溉年限、氮肥追施量耦合模型的相关系数大于0.62（20~30cm、30~40cm土层除外），构建的数学模型均方根误差小于15，实测值与预测值的相对误差仅为18.56%，构建数学模型可用于描述土壤矿质氮残留量与灌溉年限、氮肥追施量的关系。总体来看，0~60cm土层土壤矿质氮残留量随氮肥追施量的增加呈先减小后增加的趋势，随灌溉年限的变化也呈相同的变化趋势，这可能主要因为施氮和灌溉促进氮素矿化和作物吸收利用，随施氮量增加，土壤微生物同化和作物竞争反而降低氮素利用效率、增加土壤矿质氮残留量。

表7-4　不同氮肥追施再生水灌溉年限土壤矿质氮残留量耦合模型参数取值

参数	a	b	c	d	b_1	c_1	R^2	RMSE
0~10cm	317.4	−1.91	−7.987	0.024	0.004	0	0.86	14.85
10~20cm	111.1	−6.862	−0.194	0.015	−1.314	0	0.62	9.85
20~30cm	150.0	−1.283	0.763	0.028	−1.767	0.001	0.45	5.96
30~40cm	107.2	17.00	−0.690	0.020	−4.376	0.001	0.50	6.46
40~60cm	86.78	13.48	−0.506	0.019	−3.091	0	0.62	4.96

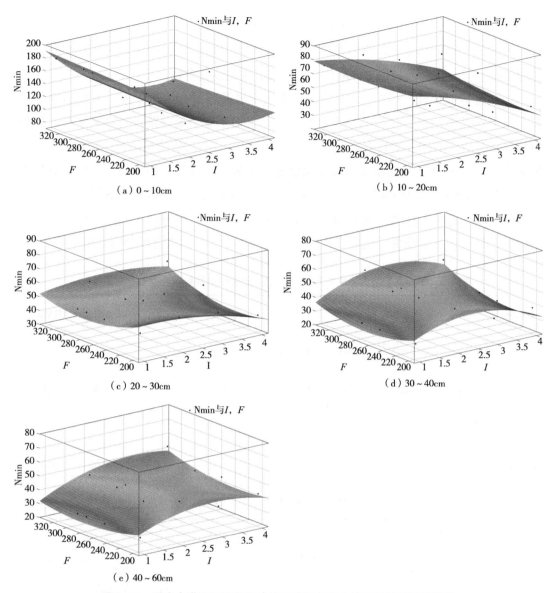

图7-11 再生水灌溉不同氮肥追施和灌溉年限土壤矿质氮残留量模拟

注：不同土层土壤矿质氮含量（N_{min}）与施氮量（F）和灌溉年限（I）模拟结果；X坐标、Y坐标、Z坐标分别为F、I、N_{min}。

7.5.3 施氮和再生水灌溉调控土壤氮素累积特征模拟

以灌溉年限、氮素追施量为自变量，土壤全氮残留累积量为因变量，通过Matlab数学工具，采用多项式拟合灌溉年限、氮素追施量与不同土层土壤全氮残留累积量的相关关系，不同氮素追施水平再生水灌溉土壤全氮残留累积耦合模型可近似表达为：

$$TN=e+fI+iF+gIF+f_1I^2+i_1F^2$$

式中，TN为土壤全氮残留量（g/kg）；I为灌溉年限（年）；F为氮素追施量（kg/hm²）；e、f、i、g、f_1、i_1为土壤氮素固定相关经验参数。

经验常数取值详见表7-5，不同土层土壤全氮残留量与灌溉年限、氮肥追施量的模拟结果详见图7-12。模拟的结果表明，不同土层土壤全氮残留量与灌溉年限、氮肥追施量耦合模型的相关系数介于0.43～0.66，预测值与实测值的相对误差超过20%。总体来看，20cm以上土层土壤全氮残留量随氮肥追施量增加先减小后增大，随灌溉年限增加呈减小趋势，而20cm以下土层土壤全氮残留量随氮肥追施量、灌溉年限增加均呈先增加后减小趋势。土壤全氮残留量除受灌溉、施肥等影响外，还受到动植物残体输入影响，如植物根系残留、土壤动物和微生物残体等，制约耦合模型预测精度。

表7-5 不同氮肥追施再生水灌溉年限土壤全氮残留累积耦合模型参数取值

参数	e	f	i	g	f_1	i_1	R^2	RMSE
0～10cm	1.527	−0.047	−0.003	0.000 1	−0.003	0	0.63	0.03
10～20cm	0.402	0.054	0.001	0	−0.008	0	0.58	0.05
20～30cm	0.311	0.081	0	0.000 1	−0.028	0	0.47	0.05
30～40cm	0.205	0.146	0.001	0	−0.037	0	0.66	0.05
40～60cm	0.597	0.007	−0.002	0.000 1	−0.01	3.547×10^{-6}	0.43	0.03

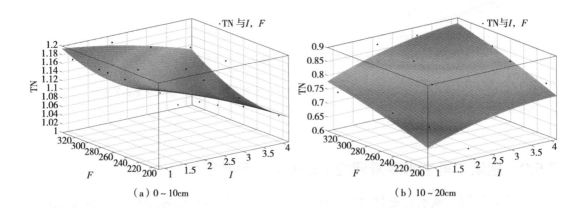

（a）0～10cm　　　　　　　　　（b）10～20cm

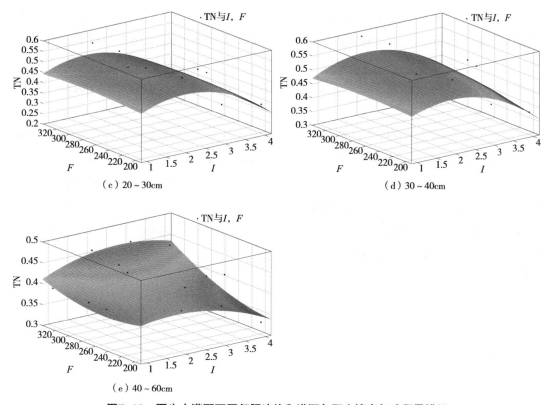

图7-12 再生水灌溉不同氮肥追施和灌溉年限土壤全氮残留量模拟

注：不同土层土壤全氮含量（TN）与施氮量（F）和灌溉年限（I）模拟结果；X坐标、Y坐标、Z坐标分别代表F、I、TN。

7.6 本章小结

（1）根层土壤全氮含量变化表明，0～30cm土层设施土壤全氮含量占0～60cm土层的62%以上，土壤矿质氮的消耗主要集中在30cm以上土层；番茄对土壤矿质氮的利用以根际土壤为主。与清水灌溉常规氮肥追施相比，再生水灌溉促进了土壤有机氮的矿化，进而提高了根际、非根际土壤矿质氮的含量；特别是根际土壤全氮含量均值较非根际土壤提高了8.70%，这可能是因为根际土壤微生物活动更为强烈，土壤微生物的同化固定作用（微生物量氮），从而提高根际土壤全氮含量。

（2）土壤矿质氮及矿化利用变化分析表明，再生水灌溉显著提高了0～10cm土层矿质氮含量，促进了30cm以上土层土壤氮素矿化，但再生水灌溉常规氮肥追施显著增加了40～60cm土层土壤矿质氮的积累，增幅高达31.64%，显而易见，深层土壤硝酸盐氮的积累可能会增加向下层土壤淋溶，甚至污染浅层地下水的风险。

（3）灌水3年后，再生水和清水灌溉常规氮肥追施处理0～60cm土层土壤全氮含量分别增加了0.50g/kg、0.23g/kg，造成了氮素在0～60cm土层土壤中的累积，而再生水灌溉氮肥追施减量50%处理0～60cm土层土壤全氮含量则降低了0.03g/kg，表现出一定程度的亏缺，再生水灌溉氮肥追施减量20%～30%处理则基本维持0～60cm土层土壤氮素平衡。

（4）采用主成分分析法，明确了土壤氮素矿化的主要环境因子为灌溉年限、施肥量；采用多元回归分析方法，分别构建了土壤矿质氮残留量、全氮残留量与灌溉年限、氮肥追施量的耦合模型，模拟结果表明，根层土壤矿质氮含量随氮肥追施量的增加呈先减小后增加的趋势、随灌溉年限的增加呈先增加后减小的趋势；而表层全氮含量随氮肥追施量增加先减小后增大，随灌溉年限增加呈减小趋势，下层全氮含量随氮肥追施量、灌溉年限增加均呈先增加后减小趋势。

8 再生水灌溉对设施土壤酶活性的影响

土壤酶由土壤微生物、动植物活体分泌及动植物残体分解释放的一类具有催化作用的蛋白，参与元素的生物化学循环以及有机化合物的分解，其活性反映了土壤生物化学过程的方向和强度。与碳氮转化密切的土壤酶如脲酶、过氧化氢酶、蔗糖酶、淀粉酶、多酚氧化酶等，是碳氮代谢的执行者，如土壤脲酶催化有机氮水解生成氨、二氧化碳和水，其活性的提高能促进土壤中的有机氮向有效氮的转化；淀粉酶可将淀粉水解成麦芽糖，再经α-葡萄糖苷酶水解成葡萄糖参与土壤有机质的代谢。为了研究氮素转化关键酶活性对再生水灌溉的响应过程和特征，通过土壤脲酶活性、蔗糖酶活性、淀粉酶活性、过氧化氢酶活性年际变化特征的分析，探明再生水灌溉施氮对土壤氮素转化关键酶活性的调控作用和链条关系。

8.1 试验设计与材料方法

8.1.1 试验设计

8.1.1.1 田间试验

试验共设5个处理，每个处理重复3次，田间试验小区布置详见图7-1。ReN1处理：再生水灌溉+常规氮肥追施处理，即每次追施氮肥量为90kg/hm²；ReN2处理：再生水灌溉+氮肥追施减量20%，即每次追施氮肥量为72kg/hm²；ReN3处理：再生水灌溉+氮肥追施减量30%，即每次追施氮肥量为63kg/hm²；ReN4处理：再生水灌溉+氮肥追施减量50%，即每次追施氮肥量为45kg/hm²；CK处理：清水灌溉+常规氮肥追施处理，即每次追施氮肥量为90kg/hm²。其他田间管理措施完全一致。

8.1.1.2 室内试验

选择城市生活污水再生水（A²/O）及清水（自来水），灌溉再生水灌溉年限分别为1年、2年、3年、4年、5年表层土壤（0～60cm）样本，每组设置平行样本5个，每个小区利用直径为3.5cm标准土钻取土壤样本，土壤样本采集采用5点取样法，混合均匀成1个混合样，取样时间分别为2013年8月、2014年8月、2015年8月。

培养试验开始前，称取上述过2mm筛的风干土样250g放于三角瓶内，加蒸馏水至田间持水量，瓶口盖上封口膜，在封口膜上用针均匀扎3个小孔以创造好气环境并减少水分损失，预培养1周恢复土壤微生物活性。将三角瓶置于25℃恒温培养箱中培养，在整个培养期间，每隔2d打开培养箱门通气1h，通过称重法补充水分保持土壤湿度。在培养的0d、7d、14d、21d、28d、35d、42d从每个培养瓶中分别取样。通过土壤碳氮循环酶活性测定，明确灌水水质对碳氮循环酶活性的影响。

8.1.2 材料方法

8.1.2.1 测试内容

土壤测试指标为脲酶、蔗糖酶、淀粉酶和过氧化氢酶。土壤脲酶活性、蔗糖酶活性、淀粉酶活性、过氧化氢酶活性分别采用苯酚钠比色法、3,5-二硝基水杨酸比色法、3,5-二硝基水杨酸比色法、高锰酸钾滴定法测定。

8.1.2.2 数据处理与统计分析

所有田间和室内试验数据用Microsoft Excel 2013绘图；用DPS 14.50软件中的单因素方差分析和两因素方差分析进行显著性分析；利用Duncan's新复极差法进行多重比较，置信水平为0.05。

8.2 施氮和灌水水质对土壤脲酶活性的影响

8.2.1 不同灌水水质下土壤脲酶活性年际变化特征

不同再生水及清水灌溉年限对土壤脲酶活性动态见图8-1。再生水（Re）和清水（K）灌溉处理土壤脲酶活性主要表现为，土壤脲酶活性随土层深度的增加显著降低（$P<0.05$）；2013—2015年，再生水灌溉处理0~10cm、10~20cm、20~30cm土层土壤脲酶活性均高于清水灌溉处理，分别较清水灌溉处理提高了10.35%、18.16%、16.50%，再生水灌溉处理30~40cm、40~60cm土层土壤脲酶活性均低于清水灌溉处理，分别较清水灌溉处理降低了7.43%、30.95%；2016年，再生水灌溉处理0~10cm、20~30cm、40~60cm土层土壤脲酶活性略低于清水灌溉处理，分别较清水灌溉处理降低了1.18%、6.06%、14.25%。总体来说，与清水灌溉相比，再生水灌溉显著提高了0~30cm土层土壤脲酶活性。

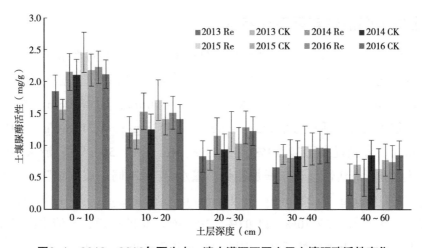

图8-1　2013—2016年再生水、清水灌溉不同土层土壤脲酶活性变化

8.2.2　施氮水平对根层土壤脲酶活性的影响

再生水不同施氮水平对土壤脲酶活性动态见图8-2。0～10cm、10～20cm土层土壤脲酶活性依次为ReN2>ReN3>ReN4>ReN1，20～30cm、30～40cm、40～60cm土层土壤脲酶活性依次为ReN3>ReN4>ReN2>ReN1；与ReN1处理相比，ReN2处理显著提高了0～10cm、10～20cm、20～30cm、30～40cm、40～60cm土层土壤脲酶活性，分别提高了28.30%、77.21%、17.96%、18.36%、14.86%；ReN3和ReN4处理也表现出相同的趋势，特别是ReN4处理显著提高了10～20cm、20～30cm、30～40cm、40～60cm土层土壤脲酶活性，分别提高了29.16%、27.11%、23.43%、53.72%。由此可见，再生水灌溉氮肥追施减量可以提高0～60cm土层土壤脲酶活性，而再生水灌溉常规氮肥追施显著抑制了土壤脲酶活性（$P<0.05$）。

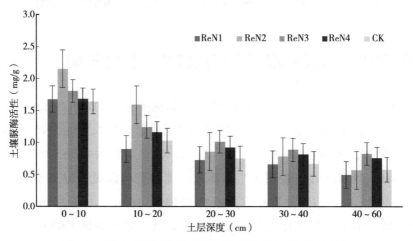

图8-2　再生水不同施氮水平不同土层土壤脲酶活性变化

8.2.3　土壤脲酶活性年际变化特征

不同灌水年限对土壤脲酶活性动态见图8-3。再生水不同灌水年限不同土层土壤脲酶活性呈先增加后小幅降低的趋势，并在灌水3年后不同土层土壤脲酶活性达到峰值（40～60cm土层除外），灌水3年后，0～10cm、10～20cm、20～30cm、30～40cm土层土壤脲酶活性分别为2.454mg/g、1.713mg/g、1.218mg/g、0.911mg/g，与2013年相比，分别提高了32.39%、42.09%、46.11%、50.15%；清水不同灌水年限不同土层土壤脲酶活性呈逐年增加趋势，灌水4年后不同土层土壤脲酶活性分别为2.116mg/g、1.419mg/g、1.226mg/g、0.961mg/g、0.850mg/g，与2013年相比，分别提高了35.05%、29.09%、57.70%、11.03%、20.26%。总的来说，与清水灌溉相比，再生水灌溉可提高根层土壤脲酶活性，但随着灌水年限的增加，再生水灌溉40cm以上土层土壤脲酶活性先增加后降低，而40cm以下土层土壤脲酶活性呈增加趋势。

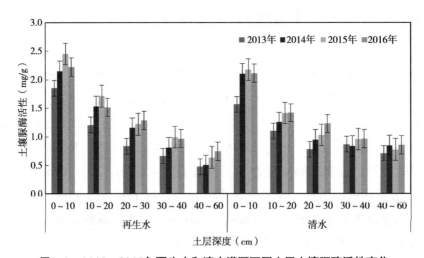

图8-3　2013—2016年再生水和清水灌溉不同土层土壤脲酶活性变化

8.3　施氮和灌水水质对根层土壤蔗糖酶活性的影响

再生水不同施氮水平对土壤蔗糖酶活性动态见图8-4。0～10cm、10～20cm、20～30cm、30～40cm、40～60cm土层土壤蔗糖酶活性依次为ReN2>ReN4>ReN1>ReN3、ReN4>ReN3>ReN2≈ReN1、ReN3>ReN4≈ReN2>ReN1、ReN4>ReN3≈ReN2>ReN1、ReN4≈ReN3>ReN1>ReN2，表明再生水灌溉减施追肥可以显著提高不同土层土壤蔗糖酶活性（$P<0.05$）；与CK处理相比，ReN1处理0～10cm、10～20cm、20～30cm、30～40cm、40～60cm土层土壤蔗糖酶活性显著降低，分别降低了63.09%、27.45%、46.63%、66.05%、30.96%，表明再生水灌溉常规氮肥追肥处理显著降低了土壤蔗糖酶

活性（*P*<0.05）；但0~10cm、10~20cm、20~30cm、30~40cm、40~60cm土层土壤蔗糖酶活性的最大值对应处理分别为ReN2、ReN4、ReN3、CK和ReN4。

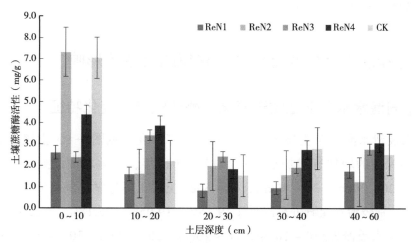

图8-4　再生水不同施氮水平不同土层土壤蔗糖酶活性变化

8.4　施氮和灌水水质对根层土壤淀粉酶活性的影响

再生水不同施氮水平对土壤淀粉酶活性动态见图8-5。0~10cm、10~20cm、20~30cm、30~40cm、40~60cm土层土壤淀粉酶活性依次为ReN2>ReN3>ReN4>ReN1、ReN2>ReN3>ReN1>ReN4、ReN2>ReN1>ReN3>ReN4、ReN2>ReN1>ReN3>ReN4、ReN2>ReN3>ReN1>ReN4，表明再生水灌溉减施追肥显著提高了0~10cm、20~30cm、30~40cm、40~60cm土层土壤淀粉酶活性（*P*<0.05）；与CK处理相比，

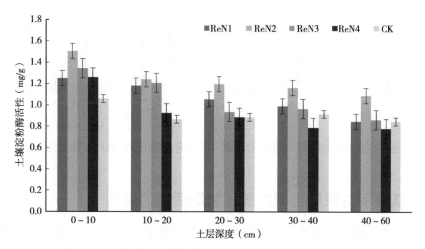

图8-5　再生水不同施氮水平不同土层土壤淀粉酶活性变化

ReN1处理0～10cm、10～20cm、20～30cm、30～40cm土层土壤淀粉酶活性分别提高了18.49%、36.35%、19.01%、8.32%，其中0～10cm、10～20cm、20～30cm土层土壤淀粉酶活性显著增加（$P<0.05$）。

8.5　施氮和灌水水质对土壤过氧化氢酶活性的影响

8.5.1　不同灌水水质下土壤过氧化氢酶活性年际变化特征

再生水及清水灌溉对土壤过氧化氢酶活性年际变化见图8-6。土壤过氧化氢酶活性随土层深度的增加有增加趋势；2013—2015年，再生水灌溉处理0～10cm、10～20cm、20～30cm、30～40cm、40～60cm土层土壤过氧化氢酶活性均低于清水灌溉处理，分别较清水灌溉处理降低了19.16%、19.05%、25.18%、8.52%、5.54%；2016年，再生水灌溉处理0～10cm、10～20cm、20～30cm、30～40cm土层土壤过氧化氢酶活性均高于清水灌溉处理，分别较清水灌溉处理增加了4.45%、3.00%、4.17%、4.39%；特别是2016年0～10cm、10～20cm、20～30cm、30～40cm、40～60cm土层土壤过氧化氢酶活性，再生水灌溉、清水灌溉处理均显著高于2013年（$P<0.05$），增幅达到20.62%～44.85%。这就表明，与清水灌溉相比，再生水灌溉显著降低了30cm以上土层土壤过氧化氢酶活性（$P<0.05$），但对30cm以下土层土壤过氧化氢酶活性影响并不明显；但是，随着灌溉年限增加，根层土壤过氧化氢酶活性显著增加。可见，再生水灌溉提高了根层土壤缓冲能力，即提高土壤对外界环境胁迫的应对和解毒能力。

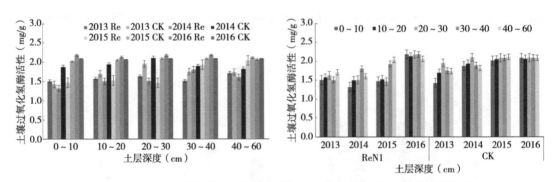

图8-6　2013—2016年再生水和清水灌溉不同土层土壤过氧化氢酶活性变化

8.5.2　施氮水平对根层土壤过氧化氢酶活性的影响

再生水灌溉不同施氮水平对土壤过氧化氢酶活性动态见图8-7。0～10cm土层土壤过氧化氢酶活性大小依次为ReN1、ReN2、ReN3、ReN4，10～20cm土层土壤过氧化氢酶活性大小依次为ReN2、ReN1、ReN3、ReN4，20～30cm、30～40cm土层土壤过氧化氢酶活性大小依次为ReN1、ReN2、ReN4、ReN3，40～60cm土层土壤过氧化氢酶活性大小依次为ReN2、ReN1、ReN4、ReN3。

与ReN4相比，ReN1处理显著提高了0～10cm、10～20cm、20～30cm、40～60cm土层土壤过氧化氢酶活性，分别提高了12.25%、8.92%、9.68%、8.15%，但与ReN2相比，各土层土壤过氧化氢酶活性差异并不明显（$P<0.05$）。可见，再生水灌溉氮肥追施减量20%可以提高0～60cm土层土壤过氧化氢酶活性，但氮肥减施50%处理则显著降低了0～60cm土层土壤过氧化氢酶活性，这将会限制设施蔬菜再生水农业安全利用。

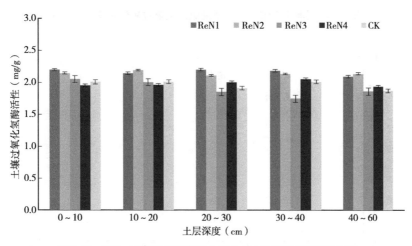

图8-7　再生水灌溉不同施氮水平土壤过氧化氢酶活性变化

8.5.3　土壤过氧化氢酶活性年际变化特征

不同灌水年限不同水质对土壤过氧化氢酶活性动态见图8-8。再生水不同灌水年限下土壤过氧化氢酶活性呈增加趋势，灌水4年后，0～10cm、10～20cm、20～30cm、30～40cm、40～60cm土层土壤过氧化氢酶活性分别为2.178mg/g、2.127mg/g、2.175mg/g、2.180mg/g、2.062mg/g，显著高于2013年（$P<0.05$）；清水不同灌水年限不同土层土壤过氧化氢酶活性亦呈逐年增加趋势，灌水4年后不同土层土壤过氧化氢酶活性分别为2.086mg/g、2.065mg/g、2.088mg/g、2.088mg/g、2.086mg/g，与2013年相比，分别提高了46.41%、21.77%、6.78%、19.26%、20.13%。可见，土壤过氧化氢酶活性随灌溉年限的增加而逐渐增加，2013—2016年，10～20cm、20～30cm、30～40cm土层土壤，再生水灌溉处理过氧化氢酶活性均值增幅为CK处理的0.62倍、3.93倍、1.31倍（图8-9）。过氧化氢酶活性与土壤有机质含量和微生物数量有关，过氧化氢酶活性可作为表征土壤肥力的因子之一，同时，过氧化氢酶能分解土壤中过氧化氢，防止胁迫产

生的过氧化氢对生物体的毒害，表明再生水灌溉提高了根层土壤有机质含量，进而提高了土壤肥力和缓冲性能。

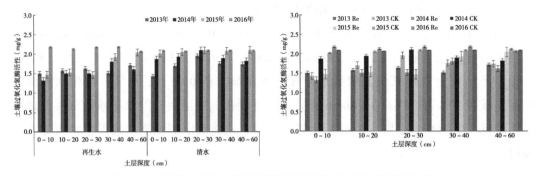

图8-8　不同灌水年限不同水质灌溉的土壤过氧化氢酶活性变化

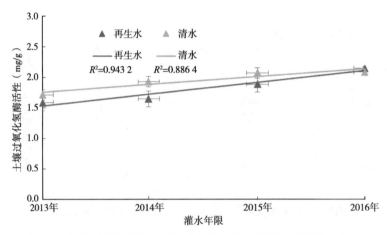

图8-9　再生水和清水不同灌水年限土壤过氧化氢酶活性变化趋势

8.6　再生水灌溉土壤氮素转化关键酶活性变化特征模拟

8.6.1　再生水灌溉条件下土壤关键酶活性对环境因子响应特征

利用主成分分析（PCA）确定影响土壤脲酶（UA）、过氧化氢酶活性（CATA）的环境因子，如pH值、OM、TN、TP、AK、IM、IY、Fer、Nmin。由表8-1可知，提取的第一主成分和第二主成分，特征值分别为1.72、4.12，第一主成分和第二主成分的贡献率为85.38%，超过85%，说明第一主成分和第二主成分基本反映了9项指标的全部信息。

表8-1　土壤酶活性变化各主成分的特征值、贡献率和累计贡献率

主成分	特征值	贡献率（%）	累计贡献率（%）
1	1.72	25.15	25.15
2	4.12	60.23	85.38
3	0.68	9.94	95.32
4	0.24	3.51	98.83
5	0.08	1.17	100.00

PCA前两轴特征值分别为0.97、0.03，土壤脲酶、过氧化氢酶与环境因子排序轴的相关系数为0.972和0.999，因此排序图能够反映土壤关键酶与环境因子之间的相关关系（图8-10）。箭头连线的长短表示土壤氮素与环境因子的相关性，灌溉年限（IY）、氮肥追施量（Fer）与土壤氮素的夹角较小，且处于同一象限，表明灌溉年限（IY）、氮肥追施量（Fer）是影响土壤关键酶活性的主要因子。

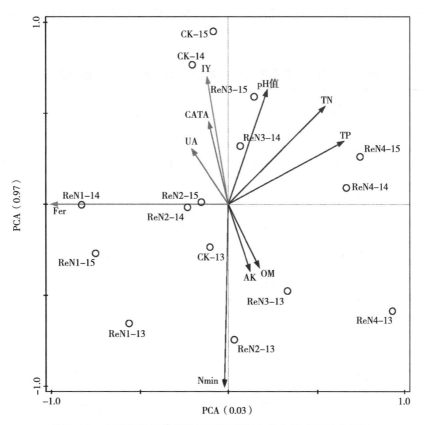

图8-10　土壤氮转化关键酶与环境因子主成分分析（PCA）结果

8.6.2　再生水灌溉土壤脲酶活性变化特征模拟

以灌溉年限、灌水水质为自变量，土壤脲酶活性为因变量，通过Matlab数学工具库，采用多项式拟合灌溉年限、灌水水质与不同土层土壤脲酶活性的相关关系，再生水灌溉土壤脲酶活性耦合模型可近似表达为：

$$UA=a+bW+cI+dWI+c_1I^2$$

式中，UA为土壤脲酶活性（mg/g）；I为灌溉年限（年）；W为灌水水质；a、b、c、d、c_1为反映土壤脲酶活性变化的相关经验参数。

不同灌溉年限不同土层深度再生水灌溉土壤脲酶活性动态详见表8-2。构建的灌溉年限与灌水水质对土壤脲酶活性影响的耦合模型的经验参数取值详见表8-3，不同土层深度土壤脲酶活性与灌溉年限、灌水水质的模拟结果详见图8-11。模拟的结果表明，土壤脲酶活性与灌溉年限、灌水水质的相关性系数均大于0.87，构建的数学模型均方根误差小于0.08。特别是30cm以上土层土壤脲酶活性与灌溉水质呈线性负相关，与灌溉年限呈曲线相关（开口向下）；30cm以下土层土壤脲酶活性与灌水水质呈线性负相关，与灌溉年限呈线性正相关；土壤脲酶活性实测值与预测值的相对误差仅为8.50%。

表8-2　不同灌溉年限不同土层深度再生水灌溉土壤脲酶活性动态

灌水水质	土层深度（cm）	灌溉年限			
		1	2	3	4
再生水	0~10	1.853	2.149	2.454	2.224
	10~20	1.206	1.535	1.713	1.513
	20~30	0.833	1.153	1.218	1.285
	30~40	0.660	0.807	0.991	0.968
	40~60	0.472	0.500	0.635	0.744
清水	0~10	1.567	2.107	2.177	2.116
	10~20	1.099	1.256	1.414	1.419
	20~30	0.777	0.945	1.028	1.226
	30~40	0.865	0.837	0.953	0.961
	40~60	0.707	0.848	0.774	0.850

表8-3　不同再生水灌溉年限土壤脲酶活性耦合模型参数取值

参数	a	b	c	d	c_1	R^2	RMSE
0~10cm	1.364	0.816	−0.253	0.030	−0.141	0.96	0.08
10~20cm	0.991	0.534	−0.200	0.002	−0.085	0.92	0.08
20~30cm	0.758	0.281	−0.130	0.001	−0.028	0.94	0.07
30~40cm	0.272	0.265	0.224	−0.070	−0.017	0.87	0.06
40~60cm	0.004	0.145	0.356	−0.060	0.002	0.93	0.06

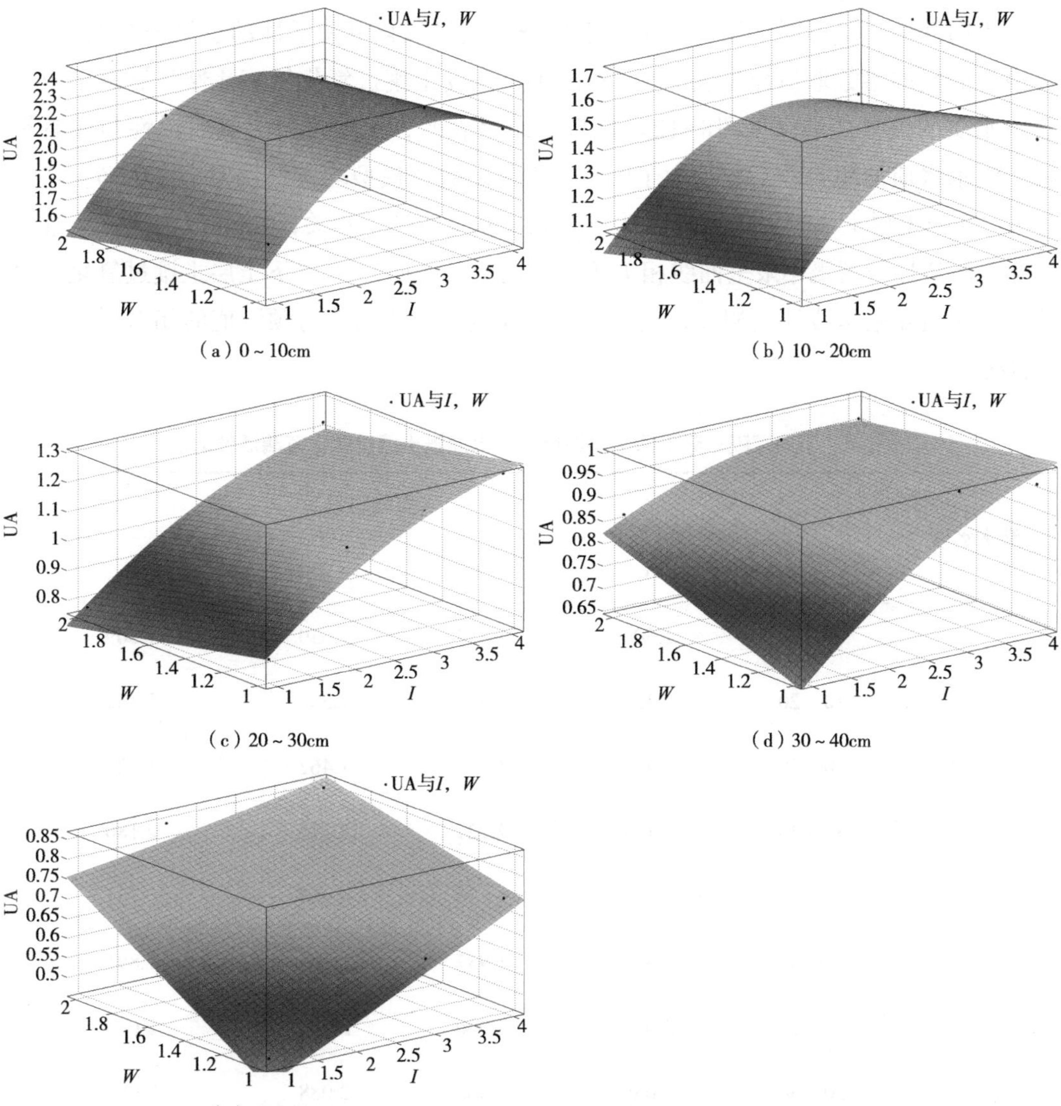

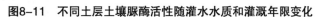

（a）0~10cm　　　　　　　　　　（b）10~20cm

（c）20~30cm　　　　　　　　　　（d）30~40cm

（e）40~60cm

图8-11　不同土层土壤脲酶活性随灌水水质和灌溉年限变化

注：不同土层土壤脲酶活性（UA）与灌水水质（W）和灌溉年限（I）模拟结果；X坐标、Y坐标、Z坐标分别代表W、I、UA。

8.6.3　再生水灌溉土壤过氧化氢酶活性变化特征模拟

以灌溉年限、灌水水质为自变量，土壤过氧化氢酶活性为因变量，通过Matlab数学工具库，采用多项式拟合灌溉年限、灌水水质与不同土层土壤过氧化氢酶活性的相关关系，再生水灌溉土壤过氧化氢酶活性耦合模型可近似表达为：

$$CATA = a' + b'W + c'I + d'WI + c_1I^2$$

式中，CATA为土壤过氧化氢酶活性（mg/g）；I为灌溉年限（年）；W为灌水水质；a'、b'、c'、d'、c_1为反映土壤过氧化氢酶活性变化的相关经验参数。

不同灌溉年限不同土层深度再生水灌溉土壤过氧化氢酶活性动态见表8-4，该耦合模型的经验参数取值详见表8-5，不同土层深度土壤过氧化氢酶活性与灌溉年限、灌水水质的模拟结果详见图8-12。模拟的结果表明，土壤过氧化氢酶活性与灌溉年限、灌水水质的相关性系数均大于0.75，构建的数学模型均方根误差小于0.26。特别是0~60cm土层土壤过氧化氢酶活性与灌溉水质呈线性正相关；30cm以上土层土壤过氧化氢酶活性与灌溉年限呈曲线相关（开口向上），而30cm以下土层土壤过氧化氢酶活性与灌溉年限呈线性正相关；土壤过氧化氢酶活性实测值与预测值的相对误差小于12.48%。

表8-4　不同灌溉年限不同土层深度再生水灌溉土壤过氧化氢酶活性动态

灌水水质	土层深度（cm）	灌溉年限			
		1	2	3	4
再生水	0~10	1.504	1.574	1.630	1.509
	10~20	1.320	1.501	1.506	1.802
	20~30	1.469	1.525	1.462	1.927
	30~40	2.178	2.127	2.175	2.180
	40~60	1.425	1.696	1.955	1.751
清水	0~10	1.871	1.937	2.103	1.891
	10~20	2.016	2.050	2.088	2.083
	20~30	2.086	2.065	2.088	2.088
	30~40	1.504	1.574	1.630	1.509
	40~60	1.320	1.501	1.506	1.802

表8-5 不同再生水灌溉年限土壤过氧化氢酶活性耦合模型参数取值

参数	a'	b'	c'	d'	c_1	R^2	RMSE
0~10cm	1.156	−0.102	0.242	−0.004	0.646	0.75	0.262
10~20cm	1.171	−0.066	0.371	−0.046	0.056	0.77	0.194
20~30cm	1.059	−0.151	0.667	−0.121	0.086	0.76	0.220
30~40cm	0.878	0.417	0.332	−0.094	−0.022	0.98	0.05
40~60cm	1.373	0.152	0.121	−0.015	0.002	0.77	0.148

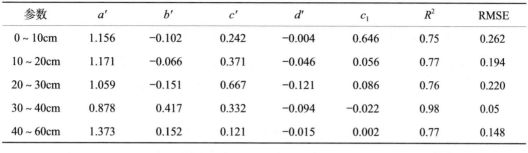

（a）0~10cm　　　　　（b）10~20cm

（c）20~30cm　　　　　（d）30~40cm

（e）40~60cm

图8-12 不同土层土壤过氧化氢酶活性随灌水水质和灌溉年限变化

注：不同土层土壤过氧化氢酶活性（CATA）与灌水水质（W）和灌溉年限（I）模拟结果；X坐标、Y坐标、Z坐标分别代表W、I、CATA。

8.7　本章小结

土壤酶参与土壤中的生物化学反应，是土壤的组成成分之一，主要来源于土壤微生物生化活动、根系生化活动和土壤动物生化活动，灌溉、施肥等环境因子调节土壤酶的催化能力和相应酶促反应。在一定程度上，土壤酶活性是揭示土壤代谢作用强度及其维持作物生长条件的重要指标，主要研究结论如下。

（1）与清水灌溉常规氮肥追施处理相比，再生水灌溉显著提高了0~30cm土层土壤脲酶活性；与再生水灌溉常规氮肥追施处理相比，再生水灌溉氮肥追施减量20%~30%处理显著提高60cm以上土层土壤脲酶活性；但随着灌水年限的增加，再生水灌溉30cm以上土层土壤脲酶活性先增加后降低，灌水4年后，再生水灌溉0~60cm土层土壤脲酶活性均低于清水灌溉（10~20cm土层土壤除外）。

（2）与清水灌溉常规氮肥追施处理相比，再生水灌溉氮肥追施减量处理可以显著提高不同土层土壤蔗糖酶活性；同时，再生水灌溉氮肥追施减量20%处理显著提高表层和下层土壤淀粉酶活性，这就表明再生水灌溉氮肥追施减量20%~30%处理可以显著提高0~60cm土层土壤蔗糖酶和淀粉酶活性。

（3）与清水灌溉常规氮肥追施处理相比，再生水灌溉显著提高了0~30cm土层土壤过氧化氢酶活性，即提高土壤对外界环境胁迫的应对和解毒能力；此外，再生水灌溉氮肥追施减量20%可以提高0~60cm土层土壤过氧化氢酶活性，但氮肥追施减量过量则显著降低了0~60cm土层土壤过氧化氢酶活性；不同年限再生水灌溉土壤过氧化氢酶活性随着灌溉年限增加而逐渐增加；随着灌水年限的增加，0~60cm土层土壤过氧化氢酶活性均表现出明显的增加趋势，特别是再生水灌溉处理，灌水4年后，10~20cm、20~30cm、30~40cm土层土壤过氧化氢酶活性增幅为清水灌溉处理的0.62倍、3.93倍、1.31倍；这主要是因为再生水及人工增施氮肥可以改善土壤微生物的氮养分，促进微生物的生长，证实了再生水灌溉通过提高土壤过氧化氢酶活性，从而强化土壤的缓冲性能。但2014年、2015年再生水与清水灌溉土壤过氧化氢酶活性对比与2016年并不一致，2014年、2015年再生水灌溉处理土壤过氧化氢酶活性均低于清水灌溉处理，过氧化氢酶作为土壤生境胁迫的指示酶，一定程度反映了土壤逆境，因此长期再生水灌溉根层土壤过氧化氢酶活性变化及其与土壤养分状况值得进一步关注。

（4）采用多元回归分析方法，分别构建了土壤脲酶活性、过氧化氢酶活性与灌溉年限、灌水水质、施氮量的耦合模型，以上模型的相关性系数均大于0.75，土壤脲酶活性、过氧化氢酶活性实测值与预测值的相对误差均小于12.48%。预测5年后，再生水灌溉处理，不同土层土壤脲酶活性（0~10cm土层除外）分别较土壤背景值提高了11.63%、60.56%、58.55%、76.79%；过氧化酶活性分别较土壤背景值提高了65.77%、51.36%、54.36%、50.76%、30.36%。

9 再生水灌溉对作物产量和品质的影响

已有研究结果表明，再生水灌溉提高了番茄、黄瓜、茄子、豆角、小白菜、葡萄、甘蔗的产量，再生水灌溉通过调控土壤碳、氮矿化和土壤微生物活性，实现作物品质的调控；但也有研究表明再生水灌溉降低了甘蓝维生素C、粗蛋白和可溶性糖的含量，增加了玉米、饲用小黑麦Pb、Cr含量，以及长期灌溉可能导致土壤中盐分累积，进而影响作物的生长环境，降低产量。因此，为了确保作物产量和品质，本研究开展马铃薯、番茄和小白菜再生水灌溉定位试验，探讨再生水灌溉的安全性。

9.1 试验设计与材料方法

9.1.1 试验设计

9.1.1.1 再生水灌溉对马铃薯产量和品质影响试验

详见6.1。

9.1.1.2 再生水灌溉对番茄产量和品质影响试验

试验采用完全随机区组设计，5个处理，每个处理重复3次，共计15个小区。ReN1：再生水灌溉每次追施氮肥量为90kg/hm²；ReN2：再生水灌溉+氮肥追施减量20%，即每次追施氮肥量为72kg/hm²；ReN3：再生水灌溉+氮肥追施减量30%，即每次追施氮肥量为63kg/hm²；ReN4：再生水灌溉+氮肥追施减量50%，即每次追施氮肥量为45kg/hm²；CK：清水灌溉每次追施氮肥量为90kg/hm²。基施肥料有化肥和有机肥，磷、钾和有机肥100%作为底肥一次施入，其中磷肥180kg/hm²、钾肥180kg/hm²，基施化肥（折合纯氮）180kg/hm²，有机肥为腐熟风干鸡粪8 000kg/hm²（N 1.63%、P_2O_5 1.54%、K_2O 0.85%）。田间试验布置详见图7-1。

供试番茄品种为冬春茬普遍栽培的品种，2013—2015年播种育苗日期分别为2月10日、2月13日、3月2日；移栽定植日期分别为3月23日、3月29日、4月11日；打顶日期分别为6月5日、5月30日、6月5日；收获日期分别为7月27日、7月27日、7月28日；2013年分别于5月10日（第一穗果膨大期）、5月30日（第二穗果膨大期）和6月20日

（第四穗果膨大期）追施氮肥3次；2014年分别于5月14日（第一穗果膨大期）、5月25日（第二穗果膨大期）和6月12日（第四穗果膨大期）追施氮肥3次；2015年分别于5月20日（第一穗果膨大期）、6月5日（第二穗果膨大期）和6月20日（第四穗果膨大期）追施氮肥3次。

9.1.1.3 再生水灌溉对小白菜产量和品质影响试验

试验于2015年6月在中国农业科学院新乡农业水土环境野外科学观测试验站温室大棚进行。试验材料为盆栽种植小白菜（上海青），试验用PVC材质花盆，直径30cm、高25cm。供试土壤为取自试验站内试验地表层（0～20cm）的沙壤土，室内风干后过2mm筛，其土壤理化性质详见表9-1。每盆装土6kg，底肥为P_2O_5 100mg/kg，K_2O 300mg/kg；6个氮肥水平：N_0、N_1、N_2、N_3、N_4、N_5，分别为0mg/kg、80mg/kg、100mg/kg、120mg/kg、180mg/kg、240mg/kg；灌水水质设两个水平，即清水（C）、再生水（R），试验用水取自河南省新乡市骆驼湾污水处理厂，污水来源为城市生活污水，水质指标详见表9-2。试验共计10个处理，记为CN_0、CN_1、CN_2、CN_3、CN_4、CN_5、RN_0、RN_1、RN_2、RN_3、RN_4、RN_5；每个处理设6重复，共72盆，随机排列。小白菜播种时每盆7穴，每穴3粒，成苗后留7株。当土壤含水量降至田间持水量的50%~60%时补充灌水至田间持水量，记录每次灌水量。

9.1.2 材料方法

9.1.2.1 灌水水质

试验年份马铃薯全生育期共灌水3次，每次灌水时采集灌水水样，在1次灌水过程中分3次取样，采集水样两瓶（每瓶500mL），样品采集后及时送检或冷冻保存。测试指标包括NO_3^--N、NH_4^+-N、pH值及电导率（EC）。灌溉水中NO_3^--N、NH_4^+-N采用流动分析仪（德国BRAN LUEBBE AA3）测定。pH值采用PHS-1型酸度计测定，电导率采用电导仪测定。灌溉水水质测定结果见表9-1。

表9-1 灌溉水成分

	NO_3^--N (mg/L)	NH_4^+-N (mg/L)	TN (mg/L)	TP (mg/L)	pH 值	EC (mS/cm)	Cu (mg/L)	Cd (mg/L)	Pb (mg/L)	Zn (mg/L)	Cr (mg/L)	COD_{Mn} (mg/L)
清水	5.82	nd	1.49	nd	7.56	1.00	0.001	0.007	0.001	0.002	0.001	6.9
再生水	14.54	5.64	15.31	0.83	7.45	2.23	0.003	0.003	0.005	0.008	0.003	17.3

注：nd为未检出。

9.1.2.2 植株中氮素测定

马铃薯植株中氮素测定。首先将植物样品烘干、磨碎，称取0.500g，置于50mL消煮管中，先滴加数滴水湿润样品，然后加入8mL浓硫酸，轻轻摇匀，在管口放置弯颈小漏斗，放置过夜。在消煮炉上文火消煮，当溶液呈均匀的棕黑色时取下。稍冷后，加入10滴H_2O_2到消煮管的底部，摇匀，再加热至微沸，消煮约5min取下，重复加$H_2O_2$5～10滴，如此重复3～5次，每次添加的H_2O_2应逐次减少，消煮至溶液呈无色或清亮后，再加热5～10min，以除尽剩余的H_2O_2。取下，冷却，用少量水冲洗弯颈漏斗，洗液流入消煮管中，将消煮液无损地洗入100mL容量瓶中，用水定容，摇匀。放置澄清后取上层清液进行稀释，使用流动分析仪（德国BRAN LUEBBE AA3）进行植物全N的测定。

马铃薯表皮和皮内组织病原微生物测定。随机在8个小区中各选取3株，每株取马铃薯3个，把每株上的3个马铃薯放入一个带拉链的消过毒的塑料袋中，其中注意在取马铃薯时不要刮掉马铃薯上的任何土，并且要快速操作，避免阳光照射。取样结束后，要在4～5℃的环境中保存运输。小心去除马铃薯表面的覆土，削皮，分别把皮和皮内组织切成小块并研磨成浆状，各称取10g，加无菌水90mL，用力摇1min，使之充分溶解混合。采用多管发酵法检测大肠菌群的含量。

番茄生物量测定。分别于番茄第一穗果膨大期（5月20日左右）、第二穗果膨大期（6月15日左右）、第四穗果膨大期（7月7日左右）、完熟期（7月18日左右）采集植株样品。各小区选取长势健康番茄植株，分别剪取番茄植株地上部和根系，用去离子水反复冲洗干净后，放入烘箱，在105℃下杀青30min，70℃下烘干至恒重（不少于16h），称取干物质重。

番茄产量测定和计算。在试验小区的中间位置选取40株作为测产区。番茄进入成熟期后，分批分次采摘成熟鲜果，测定各测产小区的鲜果重，分别称重记录，番茄生育期结束后，汇总各批次产量，计算各处理累积产量和亩产。番茄果实中维生素C采用2,6-二氯酚靛酚法测定，可溶性糖采用蒽酮法测定，总有机酸采用酚酞为指示剂滴定法，可溶性糖采用还原滴定法测定。番茄植株和果实全氮测定采用开氏消煮法结合流动分析仪测定。

小白菜生物量测定。小白菜收获后采集土壤样品，整盆土壤混匀，将土壤样品过2mm筛，剔除根系残体，装进自封袋中，用冷藏箱带回实验室，-4℃保存，供土壤微生物区系分析。小白菜地上部分整盆收割后于电热恒温鼓风干燥箱（上海一恒科学仪器有限公司）70℃烘干至恒重，称取干重。

小白菜全氮、全磷和硝态氮的测定采用流动分析仪（德国BRAN LUEBBE AA3）。硝态氮采用2mol/L $CaCl_2$浸提，水土比为5∶1。土壤有机质测定采用重铬酸钾氧化–容量法，pH值采用PHS-1型酸度计，土壤可溶性盐采用电导法（DDB-303A型便携式电导率仪，上海雷磁）。土壤含水量（SWC）采用铝盒称重法。

9.1.2.3 数据处理与统计分析

所有田间和室内试验数据用Microsoft Excel 2013绘图；用DPS 14.50软件中的单因素方差分析和两因素方差分析进行显著性分析；利用Duncan's新复极差法进行多重比较，置信水平为0.05。

9.2 再生水灌溉对马铃薯产量和品质的影响

9.2.1 不同处理灌溉水利用效率对比分析

为了满足马铃薯移栽后对水分的需求，每个田间试验小区灌水34.72mm作为播前灌水。灌水处理后，PRD处理和充分灌溉处理的灌水量分别为50.58mm和69.05mm，马铃薯全生育期内，PRD处理及充分灌溉处理的灌水量分别为85.30mm和103.77mm。表9-2为马铃薯全生育期灌溉水利用效率。由表9-2可知，PRD处理产量与充分灌溉处理差异不大，但PRD处理I、K产量较充分灌溉处理J、L略有提高，分别提高14.44%、18.54%。但PRD处理（E、I、K）灌溉水利用效率显著高于充分灌溉处理（F、J、L），分别提高21.48%、39.21%和44.21%（$P=0.05$），这可能主要因为PRD处理作物部分根系处于水分胁迫时产生的根源信号脱落酸传输至地上部叶片，调节气孔开度，大量减少其奢侈的蒸腾耗水，同时PRD处理使作物不同根区经受适宜的水分胁迫锻炼，刺激作物根系发育，明显增加根系密度，有利于充分利用土壤中的水、肥，从而使作物光合产物积累不至于减少甚至略有增加。

表9-2 各处理马铃薯不同生育阶段灌水量及灌溉水利用效率

处理	灌水量（mm）					产量（t/hm²）	灌溉水利用效率〔kg/（hm²·mm）〕
	播前水	第1次	第2次	第3次	总灌水量		
E	34.72	10.14	15.94	24.50	85.30	9.62a	112.82a
F	34.72	10.14	22.78	36.13	103.77	9.64a	92.87b
I	34.72	10.14	15.94	24.50	85.30	11.57a	135.59a
J	34.72	10.14	22.78	36.13	103.77	10.11a	97.40b
K	34.72	10.14	15.94	24.50	85.30	7.48a	87.75a
L	34.72	10.14	22.78	36.13	103.77	6.31a	60.85b

9.2.2 再生水灌溉对土壤—作物系统氮素利用效率的影响

图9-1为不同处理马铃薯植株体内全N含量。充分灌溉处理F、J植株体内残留全N较PRD处理E、I高，分别高0.5%、3.37%；而充分灌溉处理L植株体内残留全N较PRD处理K低2.86%。充分灌溉处理（F、J、L）植株体内残留全N与PRD处理（E、I、K）植株体内残留量对比并不明显（$P=0.05$），这主要是因为分根区交替灌溉使马铃薯根系经受一定程度的水分胁迫锻炼，刺激根系吸收补偿功能，复水后提高马铃薯对水氮吸收，因此PRD处理植株体内残留N较充分灌溉处理无明显差异。

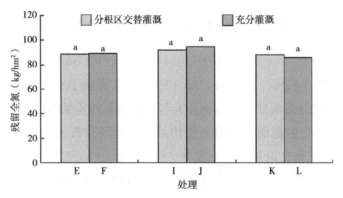

图9-1　马铃薯收获后不同处理植株体内全氮含量

图9-2a表明，充分灌溉处理J和L土壤中残留NO_3^--N显著高于PRD处理I和K（$P=0.05$），所有充分灌溉处理不同土层（0～30cm和30～60cm）土壤中残留NO_3^--N较PRD处理高，分别高2.01%、20.31%、17.68%和17.54%、19.52%、38.16%。图9-2b表明，除PRD处理E表层土壤中残留NH_4^+-N显著高于充分灌溉处理F土壤中残留量（$P=0.05$），其他处理对比均不明显；所有充分灌溉处理30～60cm土层土壤中残留NH_4^+-N较PRD处理高，分别高10.34%、3.75%、2.02%。图9-2c表明，充分灌溉处理J和L土壤中残留矿质氮显著高于PRD处理I和K（$P=0.05$），所有充分灌溉处理不同

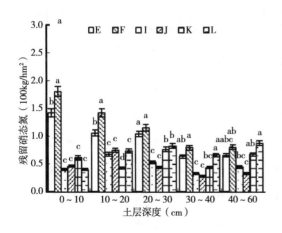

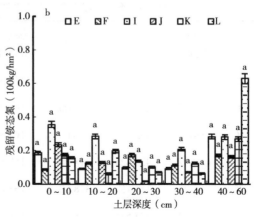

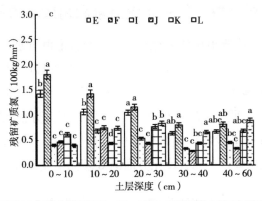

图9-2　不同处理土壤中残留NO_3^--N、NH_4^+-N及矿物质氮含量随土层深度化

土层（0～30cm和30～60cm）土壤中残留矿质氮较PRD处理高，分别高1.30%、19.63%、17.05%和13.52%、18.45%、33.17%。这主要由于充分灌溉处理灌溉水中输入氮素较多，因此充分灌溉处理土壤中NO_3^--N及矿质氮残留量较PRD处理多。

表9-3为马铃薯全生育期内土壤—植物系统氮素的分布及作物氮素利用效率（作物产量/作物吸收氮）和农田氮素利用效率［作物产量/（施肥量+灌溉水中氮）］。

由表9-3可以看出，PRD处理作物氮素利用效率（I、K）显著高于充分灌溉处理（J、L），而PRD处理E与充分灌溉处理F作物N素利用效率对比分析并不明显（$P=0.05$），所有PRD处理作物N素利用效率较充分灌溉高，分别高0.36%、18.29%和15.15%。PRD处理农田N素利用效率（I、K）显著高于充分灌溉处理（J、L），而PRD处理E与充分灌溉处理F作物N素利用效率对比分析并不明显（$P=0.05$），所有PRD处理作物N素利用效率较充分灌溉高，分别高2.86%、17.90%和24.37%。除处理E和F外，PRD处理农田氮利用效率及作物氮利用效率均显著高于充分灌溉处理，这主要因为PRD处理对作物的根系刺激、作物生理调控机制及土壤的生态激励，水分亏缺并未显著降低作物对氮素的吸收利用及作物产量。

表9-3　不同处理土壤—作物系统氮素平衡及氮素利用效率　　单位：kg/hm^2

处理	作物吸收N	残留N	本底值	施肥量折合纯N	灌溉水中N	作物N利用效率	农田N利用效率
E	85.53	399.35b	318.00	168.86	29.59	108.71a	48.49a
F	88.97	415.98a	318.00	168.86	35.60	108.32a	47.14a
I	91.83	335.12b	318.00	168.86	29.59	125.95a	58.28a
J	94.92	437.62a	318.00	168.86	35.60	106.48b	49.43b
K	88.27	313.15b	318.00	168.86	29.59	84.80a	37.72a
L	85.74	338.54a	318.00	168.86	35.60	73.64b	30.33b

9.2.3 再生水灌溉对土壤大肠菌群数量的影响

图9-3为不同处理对根层土壤大肠菌群含量变化影响。由图9-3可知，处理F、J和L，根层土壤大肠菌群含量显著高于处理E、I和K，分别高42.39%、15.67%和57.97%。再生水加氯灌水处理，根层土壤大肠菌群含量显著低于其他再生水灌溉处理，低27.24%~57.42%，特别是再生水加氯交替地下滴灌处理，根层土壤大肠菌群含量仅为159.61MPN/g，显著低于其他灌水处理。不同灌水方式对比分析表明，处理I、J根层土壤大肠菌群含量显著高于处理K、L，分别高41.48%、20.07%。表明地下滴灌处理减少了土壤蒸发，保持马铃薯生育期内根层土壤处于较适宜水分阈值范围，与沟灌处理相比，更有利于微生物的生长；加氯再生水灌溉，灌溉水中氯离子随灌溉进入土壤，大幅消减根层土壤中微生物数量。

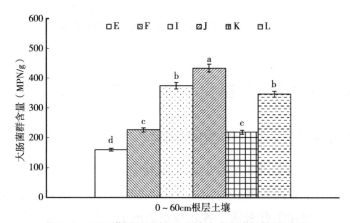

图9-3　不同灌溉处理根层土壤中大肠菌群数量变化

9.2.4 再生水灌溉对马铃薯不同组织中大肠菌群数量的影响

图9-4为马铃薯收获后，不同处理大肠菌群在马铃薯表皮和组织内部的分布。由图9-4可知，处理E、F、I、J、K和L，马铃薯表皮大肠菌群数量分别为86MPN/100g、90MPN/100g、460MPN/100g、546MPN/100g、386MPN/100g、460MPN/100g，马铃薯组织内部大肠菌群数量分别为46MPN/100g、60MPN/100g、220MPN/100g、231MPN/100g、120MPN/100g、102MPN/100g。各处理马铃薯组织内部大肠菌群数量显著低于表皮，这主要是因为马铃薯在生长过程中，其块茎会受到土壤中微生物和灌溉水中病原菌的不断侵袭，块茎的致密表皮能阻截外界微生物侵入到块茎内部，同时，当微生物进入块茎内部，马铃薯自身保护机制被启动，从而抑制有害微生物在组织内部大量繁殖。特别是加氯再生水灌溉处理马铃薯表皮和组织内部的大肠菌群数量显著低于其他灌水处理。

不同灌溉方式对比分析表明，处理I、J马铃薯表皮大肠菌群数含量显著高于处理

K、L，分别高19.17%、18.70%；处理I、J马铃薯组织内部大肠菌群数含量显著高于处理K、L，分别高83.33%、126.47%。

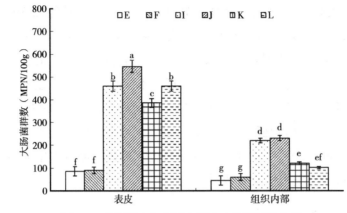

图9-4　马铃薯皮和组织内部中大肠菌群的含量

9.3　再生水灌溉对番茄产量和品质的影响

9.3.1　再生水灌溉对番茄生物量的影响

各处理番茄地上部生物量随生育期动态变化见图9-5（以2013年为例）。各处理番茄地上部生物量随生育期发展显著增加（$P<0.05$），第一穗果膨大期、第二穗果膨大期、第四穗果膨大期和生育末期，各处理番茄地上部生物量均值分别为3.28t/hm²、4.93t/hm²、5.91t/hm²、6.91t/hm²，第二穗果膨大期地上部生物量较第一穗果膨大期、第四穗果膨大期地上部生物量较第二穗果膨大期、生育末期地上部生物量较第四穗果膨大期分别增加50.38%、19.84%和16.98%。

各处理番茄地上部生物量变化表明，第一穗果膨大期，除ReN1处理番茄地上部生物量显著高于CK处理外，其余处理差异并不明显（$P<0.05$）；第二穗果膨大期，ReN1、ReN2、ReN3和ReN4处理番茄地上部生物量均高于CK处理，特别是ReN2处理番茄地上部生物量显著高于CK处理，提高了18.69%；第四穗果膨大期，ReN2、ReN3和ReN4处理番茄地上部生物量均显著低于CK处理，分别低11.08%、20.55%、10.83%；生育末期，ReN1、ReN2、ReN3和ReN4处理番茄地上部生物量均高于CK处理，分别提高了25.78%、11.84%、13.44%、9.31%。

不同处理番茄地上部生物量随灌溉年份的变化详见图9-6。不同灌溉处理番茄地上部生物量随灌溉年份均呈减小趋势，2015年ReN1、ReN2、ReN3、ReN4和CK处理番茄地上部生物量分别较2013年降低了4.77%、7.28%、11.49%、5.29%和4.73%，但差异并不明显。

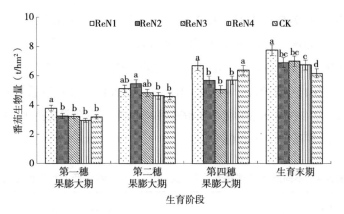

图9-5 不同灌水处理番茄地上部生物量随生育期动态变化

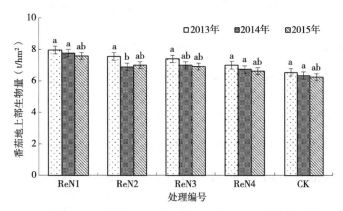

图9-6 再生水和清水灌溉氮肥追施处理番茄地上部生物量随年份动态变化

9.3.2 再生水灌溉对番茄产量和氮素利用的影响

表9-4为2013—2015年不同处理施氮量、番茄生物量、番茄产量、番茄植株及果实中携带氮量、氮肥偏生产力及供氮能力。由表9-4可知，与CK处理相比，ReN1、ReN2、ReN3、ReN4处理氮肥输入量介于1.07～1.10、0.98～1.01、0.93～0.97、0.84～0.88。不同处理番茄产量的变化表明，再生水灌溉处理番茄产量均高于CK处理（2014年ReN1处理除外），特别是ReN2处理番茄产量显著高于CK处理（$P<0.05$），2013—2015年，ReN2处理番茄产量分别较CK处理提高了9.98%、9.37%、17.32%。植株和番茄鲜果中携带的氮、果实中的氮对比分析表明，再生水灌溉处理植株和番茄鲜果中携带氮、番茄鲜果中氮均高于CK处理（2014年和2015年ReN4除外），ReN1、ReN2、ReN3处理植株和番茄鲜果中携带氮均显著高于CK处理（$P<0.05$），分别提高了32.52%、33.55%和11.79%；ReN1、ReN2处理番茄鲜果中氮均显著高于CK处理（$P<0.05$），分别提高了61.15%、70.12%。与CK处理相比，除ReN1处理外，再生水灌溉处理提高了氮肥偏生产力，ReN2、ReN3和ReN4处理氮肥偏生产力分别提高了

24.39%、21.90%、32.74%；而且，ReN1和ReN2处理0～30cm土层土壤供氮能力亦显著高于CK处理（$P<0.05$），分别提高了8.19%和9.75%。

不同处理番茄产量随灌溉年份的变化详见图9-7。不同灌溉处理番茄产量随灌溉年份呈减小趋势，2015年ReN1、ReN2、ReN3、ReN4和CK处理番茄产量分别较2013年降低了10.09%、2.33%、8.39%、10.06%和8.44%，特别是ReN1、ReN3、ReN4和CK处理番茄产量显著降低（$P<0.05$）。

表9-4　不同灌水处理番茄生物量、产量、氮肥偏生产力和供氮能力

年份	处理	施氮量（kg/hm²）		灌溉水中氮（kg/hm²）	生物量（t/hm²）	产量（t/hm²）	植株和果实中氮（kg/hm²）	果实中的氮（kg/hm²）	氮肥偏生产力（kg/hm²）	供氮能力（kg/hm²）
		底肥	追肥							
	ReN1	310.4	270	63.38	7.96a	158.04ab	148.58b	43.71a	270.57c	235.30a
	ReN2	310.4	216	63.38	7.55b	160.18a	152.03a	48.41a	304.28b	242.42a
2013	ReN3	310.4	189	63.38	7.40b	151.90c	130.15c	36.95b	304.16b	221.90b
	ReN4	310.4	135	63.38	7.00c	149.81cd	119.71d	30.69bc	336.35a	215.04b
	CK	310.4	270	21.83	6.55d	145.64d	117.12d	28.31c	250.93d	210.22bc
	ReN1	310.4	270	87.34	7.76a	139.80c	146.76a	41.88a	240.87c	225.13a
	ReN2	310.4	216	87.34	6.90bc	153.65a	146.79a	43.16a	291.88b	226.73a
2014	ReN3	310.4	189	87.34	7.00b	146.70b	122.64b	29.43b	293.75b	222.27a
	ReN4	310.4	135	87.34	6.74c	140.70c	112.58bc	23.56bc	315.89a	203.02b
	CK	310.4	270	30.83	6.35d	140.48c	109.10c	26.56b	242.05c	209.20b
	ReN1	310.4	270	80.26	7.58a	142.09b	147.44a	42.57a	244.82c	231.30a
	ReN2	310.4	216	80.26	7.00b	156.44a	147.56a	43.93a	297.19a	232.42a
2015	ReN3	310.4	189	80.26	6.92bc	139.16bc	121.08b	28.64b	278.65b	216.90b
	ReN4	310.4	135	80.26	6.63c	134.74c	111.59c	22.57bc	302.51a	204.04c
	CK	310.4	270	20.00	6.24d	133.35c	108.27c	24.84bc	226.31d	220.22b

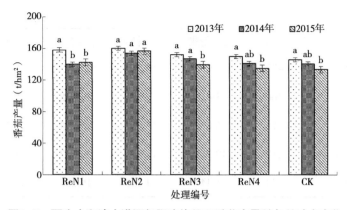

图9-7　再生水和清水灌溉氮肥追施处理番茄产量随年份动态变化

9.3.3　再生水灌溉对番茄鲜果品质的影响

9.3.3.1　再生水灌溉对番茄鲜果维生素C含量的影响

表9-5为不同处理番茄鲜果中维生素C含量的动态变化。图9-8为不同处理番茄鲜果中维生素C含量均值随灌溉年份的变化。番茄鲜果中维生素C含量年内（2013—2015年，不同处理3年平均值与对照处理的对比结果）变化表明，与CK处理相比，ReN1、ReN2、ReN3和ReN4处理番茄鲜果中维生素C含量分别提高了8.35%、18.48%、6.17%、3.88%，但各处理之间差异并不明显（$P<0.05$）。

番茄鲜果中维生素C含量年际变化表明，所有处理番茄鲜果中维生素C含量均呈减小趋势，2015年ReN1、ReN2、ReN3、ReN4和CK处理番茄鲜果中维生素C含量分别较2013年降低了13.96%、3.29%、16.40%、16.92%和20.75%，但差异并不显著（$P<0.05$）。

表9-5　不同处理番茄鲜果完熟期维生素C质量分数　　　　单位：mg/100g鲜重

年份	处理	第一穗果	第二穗果	第三穗果	第四穗果	第五穗果	均值
	ReN1	15.575	17.822	19.335	19.398	19.335	18.293a
	ReN2	15.453	18.391	18.989	20.396	18.989	18.444a
2013	ReN3	14.967	18.536	19.068	19.729	19.068	18.274a
	ReN4	14.866	18.169	18.837	19.292	18.837	18.000a
	CK	14.315	18.116	18.806	19.219	18.806	17.852a
	ReN1	9.978	11.243	14.805	20.230	19.427	15.137a
	ReN2	11.244	12.670	16.286	24.007	21.465	17.134a
2014	ReN3	10.112	11.395	14.228	18.649	19.146	14.706a
	ReN4	10.684	12.039	12.697	21.343	14.684	14.289a
	CK	9.584	10.799	13.600	17.478	16.511	13.594a

（续表）

年份	处理	第一穗果	第二穗果	第三穗果	第四穗果	第五穗果	均值
2015	ReN1	10.477	11.918	15.545	22.253	18.502	15.739a
	ReN2	11.806	13.430	17.100	26.408	20.443	17.837a
	ReN3	10.618	12.079	14.939	20.514	18.234	15.277a
	ReN4	11.218	12.761	13.332	23.477	13.984	14.954a
	CK	10.063	11.447	14.280	19.225	15.724	14.148a

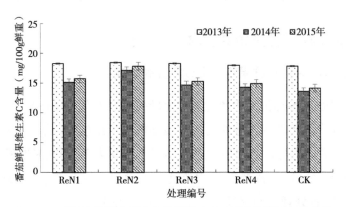

图9-8　不同处理番茄鲜果完熟期维生素C质量分数随年份变化

9.3.3.2　再生水灌溉对番茄鲜果有机酸含量的影响

表9-6为不同处理番茄鲜果中有机酸含量变化。图9-9为不同处理番茄鲜果中有机酸含量均值随灌溉年份的变化。番茄鲜果中有机酸含量年内变化表明，与CK处理相比，ReN1、ReN2、ReN3和ReN4处理番茄鲜果中有机酸含量分别提高了5.67%、−0.23%、−2.12%、−5.84%，ReN1处理番茄鲜果中有机酸含量显著高于其他灌水处理（$P<0.05$），分别较ReN2、ReN3、ReN4和CK处理提高了6.72%、10.94%、16.62%和11.55%。

番茄鲜果中有机酸含量年际变化表明，除ReN1处理番茄鲜果中有机酸含量基本稳定，其他处理番茄鲜果中有机酸含量均呈减小趋势，2015年ReN2、ReN3、ReN4和CK处理番茄鲜果中有机酸含量分别较2013年降低了2.02%、7.81%、11.06%、9.39%，但差异并不显著（$P<0.05$）。番茄鲜果中有机酸含量对比及年际变化表明，常规追肥再生水灌溉处理显著降低了番茄鲜果口感品质。

表9-6　不同处理番茄鲜果完熟期有机酸含量　　　　　单位：%

年份	处理	第一穗果	第二穗果	第三穗果	第四穗果	第五穗果	均值
2013	ReN1	0.464	0.513	0.462	0.472	0.495	0.481a
	ReN2	0.426	0.481	0.471	0.454	0.476	0.462a
	ReN3	0.425	0.493	0.542	0.440	0.462	0.472a
	ReN4	0.420	0.516	0.509	0.430	0.452	0.465a
	CK	0.444	0.517	0.468	0.507	0.532	0.494a
2014	ReN1	0.446	0.427	0.423	0.436	0.424	0.431a
	ReN2	0.420	0.418	0.399	0.392	0.393	0.404b
	ReN3	0.398	0.401	0.387	0.378	0.380	0.389c
	ReN4	0.376	0.368	0.360	0.377	0.368	0.370d
	CK	0.398	0.396	0.370	0.383	0.386	0.387c
2015	ReN1	0.491	0.449	0.550	0.458	0.467	0.483a
	ReN2	0.462	0.439	0.518	0.412	0.432	0.452ab
	ReN3	0.438	0.421	0.503	0.397	0.418	0.435ab
	ReN4	0.414	0.387	0.467	0.396	0.405	0.414b
	CK	0.438	0.416	0.555	0.403	0.424	0.447ab

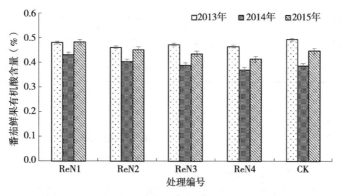

图9-9　不同处理番茄鲜果完熟期有机酸含量随年份变化

9.3.3.3　再生水灌溉对番茄鲜果粗蛋白质的影响

表9-7为不同处理番茄鲜果中粗蛋白质质量分数。图9-10为不同处理番茄鲜果中粗蛋白质质量分数均值随灌溉年份的变化。番茄鲜果中粗蛋白质质量分数年内变化表

明，与CK处理相比，ReN1、ReN2、ReN3和ReN4处理番茄鲜果中粗蛋白质质量分数含量分别提高了11.27%、6.99%、-2.15%、-6.60%。

番茄鲜果中粗蛋白质质量分数年际变化表明，再生水灌溉处理番茄鲜果中粗蛋白质质量分数均呈减小趋势，2015年ReN1、ReN2、ReN3和ReN4处理番茄鲜果中粗蛋白质质量分数分别较2013年降低了2.66%、4.92%、4.00%、8.92%。

表9-7 不同处理番茄鲜果完熟期粗蛋白质质量分数　　　　　　单位：mg/100g鲜重

年份	处理	第一穗果	第二穗果	第三穗果	第四穗果	第五穗果	均值
2013	ReN1	6.218	7.278	7.733	7.710	7.749	7.338a
	ReN2	6.625	7.090	7.215	7.095	7.804	7.166ab
	ReN3	6.012	6.316	7.407	6.104	6.714	6.511bc
	ReN4	6.344	5.973	7.715	5.777	6.354	6.433bc
	CK	5.678	6.861	7.644	5.692	5.977	6.371c
2014	ReN1	7.057	8.870	6.196	6.057	6.020	6.840a
	ReN2	7.059	8.504	5.676	5.737	5.636	6.522a
	ReN3	6.281	7.465	5.571	5.296	5.322	5.987a
	ReN4	5.886	7.150	5.357	5.017	4.611	5.604a
	CK	6.342	7.528	5.887	5.734	5.808	6.260a
2015	ReN1	7.409	9.402	6.505	6.663	5.733	7.143a
	ReN2	7.412	9.014	5.960	6.311	5.367	6.813a
	ReN3	6.595	7.913	5.850	5.825	5.069	6.250a
	ReN4	6.180	7.579	5.625	5.518	4.392	5.859a
	CK	6.659	7.979	6.182	6.308	5.531	6.532a

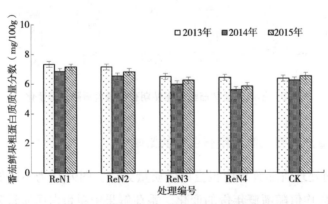

图9-10 不同处理番茄鲜果中粗蛋白质质量分数随年份变化

9.3.3.4 再生水灌溉对番茄鲜果可溶性总糖的影响

表9-8为不同处理番茄鲜果中可溶性总糖含量的影响。图9-11为不同处理番茄鲜果中可溶性总糖均值随灌溉年份的变化。番茄鲜果中可溶性总糖含量年内变化表明，与CK处理相比，ReN1、ReN2、ReN3和ReN4处理番茄鲜果中可溶性总糖含量分别提高了5.14%、10.84%、7.25%、2.92%。

番茄鲜果中可溶性总糖含量年际变化表明，再生水灌溉处理番茄鲜果中可溶性总糖含量均呈减小趋势，2015年ReN1、ReN2、ReN4和CK处理番茄鲜果中可溶性总糖含量分别较2013年降低了5.95%、1.35%、6.72%、4.05%。

表9-8 不同处理番茄鲜果完熟期可溶性总糖含量　　　　单位：%

年份	处理	第一穗果	第二穗果	第三穗果	第四穗果	第五穗果	均值
	ReN1	3.342	4.048	3.889	4.060	3.889	3.846a
	ReN2	3.393	3.881	4.302	3.946	3.741	3.852a
2013	ReN3	3.147	3.960	3.794	3.218	3.794	3.583a
	ReN4	3.205	3.886	4.102	3.648	3.907	3.749a
	CK	3.171	3.734	3.865	3.671	3.514	3.591a
	ReN1	3.089	2.825	4.110	3.269	3.826	3.424a
	ReN2	3.018	3.630	4.439	3.423	4.529	3.808a
2014	ReN3	3.224	3.771	4.405	3.296	4.196	3.778a
	ReN4	3.192	3.392	4.045	3.352	3.055	3.407a
	CK	2.835	3.295	4.298	3.241	2.895	3.313a
	ReN1	3.244	3.490	4.110	3.596	3.644	3.617a
	ReN2	3.319	3.848	4.439	3.766	3.630	3.800a
2015	ReN3	3.290	3.771	4.405	3.626	3.500	3.718a
	ReN4	3.250	3.596	4.045	3.688	2.909	3.497a
	CK	2.977	3.493	4.298	3.565	2.895	3.445a

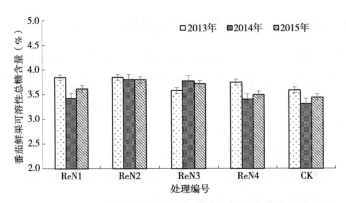

图9-11　不同处理番茄鲜果完熟期可溶性总糖含量随年份变化

9.3.3.5　再生水灌溉对番茄鲜果糖酸比的影响

表9-9为不同处理番茄鲜果中糖酸比。图9-12为不同处理番茄鲜果中糖酸比均值随灌溉年份的变化。番茄鲜果中糖酸比年内变化表明，与CK处理相比，ReN1、ReN2、ReN3和ReN4处理番茄鲜果中糖酸比分别提高了-0.13%、11.20%、9.55%、9.41%。

番茄鲜果中糖酸比年际变化表明，再生水灌溉处理番茄鲜果中糖酸比均呈增加趋势，2015年ReN2、ReN3、ReN4和CK处理番茄鲜果中糖酸比分别较2013年增加了0.90%、12.53%、4.81%、5.86%。

表9-9　不同处理番茄完熟期鲜果糖酸比

年份	处理	第一穗果	第二穗果	第三穗果	第四穗果	第五穗果	均值
	ReN1	7.207	7.892	8.424	8.606	7.852	7.996ab
	ReN2	7.955	8.060	9.129	8.699	7.854	8.339a
2013	ReN3	7.408	8.025	7.001	7.319	8.217	7.594bc
	ReN4	7.632	7.533	8.065	8.479	8.648	8.071ab
	CK	7.141	7.218	8.264	7.247	11.607	7.295c
	ReN1	6.302	5.507	6.943	6.244	7.517	6.503c
	ReN2	6.549	7.241	7.956	7.277	9.612	7.727ab
2014	ReN3	7.453	7.838	8.124	7.258	9.210	7.977a
	ReN4	7.807	7.671	8.035	7.411	6.914	7.568ab
	CK	6.497	6.928	8.294	7.044	6.257	7.004bc

（续表）

年份	处理	第一穗果	第二穗果	第三穗果	第四穗果	第五穗果	均值
	ReN1	6.610	7.776	7.477	7.850	7.810	7.504b
	ReN2	7.181	8.772	8.568	9.148	8.405	8.415a
2015	ReN3	7.517	8.958	8.749	9.125	8.381	8.546a
	ReN4	7.853	9.293	8.653	9.317	7.183	8.460a
	CK	6.799	8.392	7.741	8.856	6.825	7.723ab

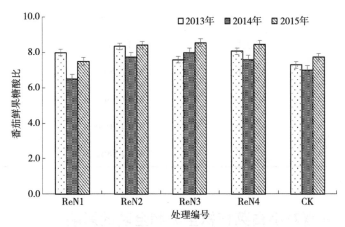

图9-12 不同处理番茄鲜果完熟期糖酸比随年份变化

9.4 再生水灌溉对小白菜产量和品质的影响

9.4.1 再生水灌溉对小白菜生物量的影响

再生水灌溉下的小白菜生物量变化如表9-10所示。在同一氮素水平下第一季各时期再生水灌溉处理小白菜生物量均高于清水灌溉处理组，清水灌溉处理、再生水灌溉处理生物量均呈现先升高再降低然后再升高趋势。第二季N4水平下再生水灌溉处理生物量显著高于清水灌溉处理（$P<0.05$）；N1水平下生物量显著低于其他氮素处理（$P<0.05$），其他氮素水平下生物量含量无明显差异。第三季同一氮素水平下再生水灌溉处理小白菜生物量均高于清水灌溉处理组，N4水平下再生水灌溉处理小白菜生物量最高，清水处理、再生水处理生物量含量均呈现先升高再降低然后再升高趋势。

表9-10 再生水灌溉下的小白菜生物量变化

处理	各时期生物量（g/盆）		
	第一季	第二季	第三季
CN_0	11.22a	20.1bc	12.64a
RN_0	17.02bcd	19.87bc	16.32abc
CN_1	11.95a	11.46a	17.17bcd
RN_1	17.54cd	14.21a	19.56cd
CN_2	16.06bcd	20.37bc	17.84bcd
RN_2	17.29cd	19.29bc	19.03bcd
CN_3	13.60ab	19.49bc	12.81a
RN_3	17.02bcd	19.11bc	17.88bcd
CN_4	15.60bc	17.79b	12.36a
RN_4	18.45cd	21.04c	20.13cd
CN_5	18.95cd	20.70bc	15.37d
RN_5	19.74d	20.58bc	20.05ab

9.4.2 再生水灌溉对小白菜植株全氮和全磷的影响

不同时期再生水灌溉植株的全氮活性变化如表9-11所示。清水处理、再生水处理第一季植株全氮含量均随氮素水平的增加而提高。除N0、N5氮素水平外，在同一氮素水平下第一季再生水处理植株含氮量均高于清水处理组。随氮素水平的增加而提高，第二季清水处理、再生水处理植株全氮含量均呈现先降低后升高再降低然后再升高趋势（"W"趋势）。除N1氮素水平外，在同一氮素水平下第二季再生水处理植株含氮量均高于清水处理组。

随氮素水平的增加而提高，第三季清水处理、再生水处理植株全氮含量均呈现先升高再降低然后再升高趋势。N0、N1、N2氮素水平下第三季再生水处理植株含氮量均低于清水处理组，N3、N4、N5氮素水平第三季再生水处理植株含氮量均高于清水处理组。再生水灌溉促进了植株对氮素的吸收和积累。

持续再生水灌溉下植株全磷的变化如表9-12所示。随氮素水平的增加而提高，第一季清水处理、再生水灌溉处理植株全磷含量均呈现先降低然后略有变化再降低趋势。在N0、N1氮素水平，第一季再生水处理植株含磷量均高于清水处理组，其他氮素水平下（N2、N3、N4、N5），则与之相反。随氮素水平的增加而提高，第二季清水处理、再生水处理植株全磷含量总体呈现先升高再降低趋势。

在N0、N1、N5氮素水平，第二季再生水处理植株含磷量均低于清水处理组，其他氮素水平下（N2、N3、N4），则与之相反。随氮素水平的增加而提高，第三季再生水处理植株全磷含量呈现逐步降低趋势，随再生水灌溉时间的持续，植株全磷发生规律性变化。在N0、N1、N2、N3氮素水平下，第三季再生水处理植株含磷量均高于清水处理组，其他氮素水平下（N4、N5），则与之相反。

表9-11　再生水灌溉下的小白菜植株全氮变化

处理	各时期植株全氮含量（g/kg）		
	第一季	第二季	第三季
CN_0	22.10 ± 4.84ab	33.33 ± 0.75cde	27.71 ± 3.33ab
RN_0	21.69 ± 1.94a	36.10 ± 2.87de	25.45 ± 2.85a
CN_1	26.04 ± 1.91bc	25.60 ± 4.40ab	34.28 ± 2.31ef
RN_1	27.38 ± 1.35cd	24.14 ± 1.42a	28.73 ± 4.36abc
CN_2	28.10 ± 2.50cd	33.89 ± 10.56cde	33.01 ± 2.71cdef
RN_2	29.14 ± 3.53cd	37.92 ± 3.92e	30.74 ± 1.93bcde
CN_3	28.27 ± 2.68cd	27.55 ± 3.12abc	29.55 ± 1.05abcd
RN_3	30.94 ± 1.79d	29.53 ± 5.69abcd	30.11 ± 3.88abcde
CN_4	29.16 ± 3.30cd	27.38 ± 3.43abc	30.68 ± 2.71bcde
RN_4	29.81 ± 2.33cd	30.35 ± 3.72abcd	31.11 ± 2.84bcdef
CN_5	35.52 ± 1.15e	28.83 ± 1.83bc	34.00 ± 2.60def
RN_5	29.63 ± 1.17cd	32.44 ± 1.59bde	35.49 ± 3.89f

表9-12　再生水灌溉下的小白菜植株全磷变化

处理	各时期植株全磷含量（g/kg）		
	第一季	第二季	第三季
CN_0	6.44 ± 0.72c	5.76 ± 0.63abc	6.68 ± 0.71bcd
RN_0	5.21 ± 0.43ab	4.73 ± 0.57a	8.28 ± 1.83d
CN_1	5.50 ± 0.42abc	8.79 ± 0.21g	4.32 ± 0.21a
RN_1	5.05 ± 1.06a	8.04 ± 0.86fg	7.27 ± 0.77cd
CN_2	5.31 ± 0.43ab	6.78 ± 0.86cdef	5.83 ± 1.06abc

（续表）

处理	各时期植株全磷含量（g/kg）		
	第一季	第二季	第三季
RN_2	6.07 ± 1.02bc	7.58 ± 1.30eg	7.18 ± 2.81cd
CN_3	5.36 ± 0.53ab	6.02 ± 0.96abcdf	5.55 ± 0.62abc
RN_3	5.51 ± 0.82abc	6.22 ± 0.88bcde	6.90 ± 1.48bcd
CN_4	4.74 ± 0.65a	5.12 ± 0.42ab	6.09 ± 0.93abc
RN_4	5.28 ± 0.33ab	7.35 ± 1.78defg	5.93 ± 0.61abc
CN_5	4.58 ± 0.38a	5.17 ± 0.66ab	5.55 ± 1.59abc
RN_5	4.71 ± 0.35a	5.06 ± 0.90ab	5.04 ± 0.57ab

9.4.3　再生水灌溉对小白菜土壤有机质和碳氮比的影响

从表9-13可以看出，随氮素水平的增加，第一季清水处理、再生水处理土壤有机质总体均呈现先升高然后降低趋势。在N_3水平，第一季再生水处理土壤有机质达到最大值；而第一季清水处理土壤有机质最大值对应施氮水平为N_2。在N_1、N_2、N_3、N_5水平，第一季再生水处理土壤有机质性均高于清水处理组，其他氮素水平下（N_0、N_4），则与之相反。随氮素水平的增加，第二季清水处理土壤有机质总体均呈现先升高然后降低趋势，再生水处理则变化较大。除N_5水平，第二季再生水处理土壤有机质均低于清水处理组。随氮素水平的增加，第三季清水处理土壤有机质总体呈现先升高然后降低再升高趋势。

随氮水平的增加，第三季再生水处理土壤有机质总体呈现先降低然后升高再降低趋势。在N_1、N_4、N_5水平，第三季再生水处理土壤有机质性均低于清水处理组，其他氮素水平下（N_0、N_2、N_3），则与之相反。

表9-13　再生水灌溉下的土壤有机质变化

处理	各时期土壤有机质（g/kg）		
	第一季	第二季	第三季
CN_0	25.84 ± 0.95ab	21.98 ± 2.55abc	28.44 ± 2.61bd
RN_0	24.36 ± 1.55a	20.55 ± 0.73a	30.24 ± 3.24cd
CN_1	24.86 ± 1.94ab	28.66 ± 2.91d	30.71 ± 2.71cd
RN_1	29.83 ± 3.07ab	25.95 ± 1.04bcd	27.56 ± 1.59bc

处理	各时期土壤有机质（g/kg）		
	第一季	第二季	第三季
CN₂	38.02 ± 4.44d	28.61 ± 2.29d	24.62 ± 1.05b
RN₂	40.34 ± 3.36d	21.18 ± 2.18ab	27.44 ± 2.05bc
CN₃	37.72 ± 2.71d	28.89 ± 2.38d	26.32 ± 3.12bc
RN₃	40.90 ± 3.78d	28.41 ± 3.10d	29.43 ± 2.95bcd
CN₄	36.46 ± 3.31cd	26.27 ± 1.98cd	31.14 ± 1.05cd
RN₄	30.65 ± 1.70bc	24.56 ± 2.73abc	30.58 ± 1.25cd
CN₅	27.04 ± 2.57ab	22.17 ± 1.55abc	33.09 ± 2.74d
RN₅	30.35 ± 2.74abc	23.56 ± 1.71abc	39.09 ± 1.73a

从表9-14可知，随氮素水平的增加，第一季清水处理土壤碳氮比呈现先升高然后降低再升高趋势。第一季再生水处理在N_1、N_2、N_3、N_4氮素水平下土壤碳氮比变化不明显，但在N_5水平下与其他再生水处理差异显著（$P<0.05$）。随氮素水平的增加，第二季清水处理、再生水处理土壤碳氮比均呈现先升高然后降低再升高最后降低趋势。除N_5水平，第二季再生水处理土壤碳氮比均低于清水处理组。

随氮素水平的增加，第三季清水处理、再生水处理土壤碳氮比均总体呈现倒"V"形规律，在N_2氮素水平下清水处理、再生水处理土壤碳氮比均达到最大值。在N_1、N_2、N_3、N_5水平，第三季再生水处理土壤碳氮比均高于清水处理组，其他氮素水平下（N_0、N_4），则与之相反。

一般认为，当碳氮比<15时，氮素矿化作用最初所提供的有效氮量会超过微生物的同化量（陈春瑜 等，2012；Micks et al.，2004；Mohan et al.，2016）。N_4水平下，持续自来水灌溉土壤碳氮比高于再生水灌溉处理，说明N_4水平持续再生水灌溉土壤有效氮含量增加，再生水灌溉土壤具有较高的氮素有效性，生物活性较高。

表9-14　再生水灌溉下的土壤碳氮比变化

处理	各时期土壤碳氮比		
	第一季	第二季	第三季
CN₀	12.86 ± 1.00cd	8.41 ± 1.22ab	10.80 ± 1.13b
RN₀	14.08 ± 1.64de	8.20 ± 2.53ab	9.91 ± 0.77b
CN₁	14.00 ± 1.33de	11.25 ± 1.14cd	9.81 ± 0.97b

（续表）

处理	各时期土壤碳氮比		
	第一季	第二季	第三季
RN$_1$	13.04 ± 0.75d	9.94 ± 0.63bc	12.21 ± 1.40b
CN$_2$	11.11 ± 0.58bc	10.41 ± 1.29c	15.58 ± 3.01a
RN$_2$	13.03 ± 0.95d	7.840.84a	17.46 ± 1.28a
CN$_3$	13.95 ± 1.67cde	13.40 ± 1.27e	15.16 ± 0.84a
RN$_3$	13.34 ± 1.24cde	12.93 ± 1.33de	17.35 ± 3.25a
CN$_4$	13.91 ± 0.51cde	11.59 ± 0.88cd	15.44 ± 2.04a
RN$_4$	13.69 ± 1.07de	11.40 ± 1.19cd	11.73 ± 0.51b
CN$_5$	14.71 ± 1.42e	10.40 ± 1.68c	9.89 ± 1.20b
RN$_5$	8.52 ± 0.55a	10.72 ± 0.92c	10.59 ± 1.45b

9.4.4 再生水灌溉对小白菜土壤酶活性的影响

再生水持续灌溉下的土壤蔗糖酶活性如表9-15所示。随氮素水平的增加而提高，第一季清水处理、再生水处理土壤蔗糖酶活性均呈现先升高然后降低趋势。除N$_0$水平，第一季再生水处理土壤蔗糖酶活性均低于清水处理组。在N$_0$水平，第二季再生水处理土壤蔗糖酶活性达到最大值，清水处理土壤蔗糖酶活性接近最大值。在氮素处理下，土壤蔗糖酶活性变化波动较大。在N$_0$、N$_1$、N$_2$、N$_3$、N$_4$、N$_5$氮素水平下，第三季再生水处理土壤蔗糖酶活性均低于清水处理组，随再生水灌溉的持续，土壤蔗糖酶活性呈明显的下降趋势，再生水抑制了土壤蔗糖酶活性。

再生水持续灌溉的土壤脲酶活性如表9-16所示。随氮素水平的增加，第一季清水处理土壤脲酶活性呈现先降低然后升高趋势；随氮素水平的增加，第一季再生水处理土壤脲酶活性均呈现先升高然后降低再升高趋势。第二季再生水处理土壤脲酶活性均低于清水处理组。随氮素水平的增加，第二季清水处理、再生水处理土壤脲酶活性均呈现先降低然后升高趋势。在N$_0$、N$_3$、N$_4$、N$_5$氮水平，第三季再生水处理土壤脲酶活性均低于清水处理组，其他氮素水平下（N$_1$、N$_2$），则与之相反。第三季土壤脲酶活性呈不规律变化。

表9-15　再生水灌溉下的土壤蔗糖酶活性

处理	土壤蔗糖酶活性 [mg/（g·24h）]		
	第一季	第二季	第三季
CN_0	$27.19 \pm 2.11c$	$23.02 \pm 2.43cd$	$29.62 \pm 3.10g$
RN_0	$28.77 \pm 2.25c$	$29.42 \pm 3.26e$	$25.87 \pm 1.40f$
CN_1	$33.62 \pm 2.84d$	$24.78 \pm 1.61d$	$23.40 \pm 1.92ef$
RN_1	$29.39 \pm 1.75c$	$16.78 \pm 1.43a$	$21.61 \pm 2.26de$
CN_2	$27.90 \pm 1.76c$	$22.89 \pm 1.82cd$	$23.18 \pm 2.43ef$
RN_2	$27.61 \pm 2.27c$	$23.33 \pm 1.14cd$	$14.38 \pm 1.67a$
CN_3	$27.33 \pm 3.34c$	$22.53 \pm 2.30cd$	$24.12 \pm 2.70ef$
RN_3	$26.53 \pm 2.80bc$	$20.15 \pm 2.25bc$	$23.27 \pm 2.04ef$
CN_4	$28.49 \pm 2.73c$	$24.53 \pm 2.86d$	$17.79 \pm 1.89bc$
RN_4	$23.86 \pm 2.19b$	$20.39 \pm 2.03bc$	$16.91 \pm 1.01abc$
CN_5	$17.94 \pm 2.01a$	$18.57 \pm 1.91ab$	$19.22 \pm 2.22cd$
RN_5	$16.82 \pm 1.89a$	$19.18 \pm 3.33ab$	$16.23 \pm 1.82ab$

表9-16　不同时期再生水灌溉的土壤脲酶活性

处理	各时期土壤脲酶活性 [mg/（g·24h）]		
	第一季	第二季	第三季
CN_0	$0.89 \pm 0.06abcd$	$0.79 \pm 0.03cd$	$1.17 \pm 0.13ab$
RN_0	$0.83 \pm 0.09abc$	$0.75 \pm 0.03cd$	$1.09 \pm 0.09a$
CN_1	$1.01 \pm 0.06d$	$0.61 \pm 0.04ab$	$1.06 \pm 0.11a$
RN_1	$0.78 \pm 0.03ab$	$0.61 \pm 0.05ab$	$1.12 \pm 0.04a$
CN_2	$0.98 \pm 0.06d$	$0.67 \pm 0.03abc$	$1.01 \pm 0.06a$
RN_2	$0.75 \pm 0.07a$	$0.55 \pm 0.05a$	$1.12 \pm 0.06a$
CN_3	$0.87 \pm 0.07abcd$	$0.76 \pm 0.06cd$	$1.12 \pm 0.09a$
RN_3	$0.74 \pm 0.07a$	$0.70 \pm 0.07bcd$	$1.01 \pm 0.07a$
CN_4	$0.94 \pm 0.07cd$	$0.76 \pm 0.06cd$	$1.13 \pm 0.08a$
RN_4	$0.75 \pm 0.07a$	$0.70 \pm 0.08bcd$	$1.12 \pm 0.06a$

处理	各时期土壤脲酶活性［mg/（g·24h）］		
	第一季	第二季	第三季
CN$_5$	0.91 ± 0.09bcd	0.82 ± 0.09d	1.33 ± 0.06b
RN$_5$	0.89 ± 0.06abcd	0.79 ± 0.03cd	1.17 ± 0.13ab

9.5 本章小结

再生水灌溉对马铃薯、番茄和小白菜产量和品质影响的主要研究结论如下。

（1）再生水灌溉对马铃薯产量和品质影响表明，加氯再生水交替灌溉处理表层土壤矿质氮（0~10cm、10~20cm）显著高于其他灌水处理，加氯再生水交替灌溉后，由于氯离子的输入消减土壤微生物数量、降低土壤微生物活性，显著降低了土壤矿质氮的固持作用。因此，加氯再生水交替灌溉在保持马铃薯产量的同时，增加了根层土壤氮素可利用性及后效性；加氯再生水交替灌溉根层土壤、马铃薯表皮及组织内部大肠菌群的含量显著低于其他灌水处理，同时，加氯再生水交替灌溉马铃薯表皮、组织内部大肠菌群数量低于马铃薯淀粉标准一级品规定。表明采用加氯再生水交替灌溉可大大降低病原微生物进入马铃薯组织内部，降低人类食用风险。

（2）再生水灌溉对番茄产量和品质影响表明，与清水灌溉常规氮肥追施处理相比，再生水灌溉处理第二穗果膨大期和生育末期番茄生物量均显著增加；再生水灌溉常规氮肥追施处理对番茄增产效果并不明显，且显著降低氮肥利用效率；再生水灌溉减施追肥20%处理番茄产量显著高于其他处理，同时，提高了番茄植株和鲜果中氮含量、氮肥偏生产力。此外，不同灌水处理番茄地上部生物量和产量随灌溉年份增加均呈减小趋势，再生水灌溉常规氮肥追施和减施追肥30%～50%处理番茄产量降幅明显，但再生水灌溉减施追肥20%处理番茄产量下降并不明显。与清水灌溉常规氮肥追施处理相比，再生水灌溉减施追肥20%～30%处理显著提高了番茄鲜果中携带氮、氮肥偏生产力，番茄鲜果中携带氮增幅介于19.21%～69.99%，氮肥偏生产力增幅则介于21.86%～24.20%；特别是再生水灌溉减施追肥20%处理还显著提高了0～30cm土层土壤供氮能力。与清水灌溉常规氮肥追施处理相比，再生水灌溉常规氮肥追肥处理显著提高了番茄鲜果中有机酸含量，但再生水灌溉减施追肥20%处理显著提高了番茄果实糖酸比和可溶性糖含量，表明减施追氮再生水灌溉可以改善番茄的营养品质而不影响其风味品质，而常规追氮再生水灌溉则显著降低了其风味品质。

（3）再生水灌溉对小白菜生物量影响表明，小白菜生物量表现为再生水灌溉处理高于清水灌溉处理。土壤全氮在三季度均呈现出低氮处理与高氮处理土壤全氮有较大波动的趋势。在低氮和高氮水平下，再生水处理土壤全氮高于清水处理组，但差异不显著（$P>0.05$）。在同一氮素水平下各时期再生水处理土壤全磷含量均高于清水处理组，再生水中的氮、磷含量较高，再生水持续灌溉增加了土壤中氮、磷的含量。同一氮素水平下再生水灌溉处理植株全氮含量和小白菜生物量高于清水灌溉处理组，土壤全氮变化不显著，持续的再生水灌溉有利于植株对氮素的吸收和积累，提高氮素生物有效性。再生水持续灌溉处理土壤蔗糖酶活性均低于清水处理组，随再生水灌溉的持续，土壤蔗糖酶活性呈明显的下降趋势，长期再生水灌溉抑制了土壤蔗糖酶活性。再生水持续灌溉处理土壤脲酶活性低于清水灌溉处理组，长期再生水灌溉抑制了土壤脲酶活性。

10　再生水灌溉下土壤氮素矿化特征培养试验

土壤氮素矿化释放对土壤氮素循环和生物有效性的提高具有重要意义，同时也是节肥增效、生境保护领域的重要内容之一。为了研究土壤氮素矿化过程对氮肥添加量的响应特征，通过研究氮肥添加对再生水灌溉土壤氮素矿化动态、氮素净矿化量、土壤氮素矿化速率的影响，探明氮肥添加对再生水灌溉土壤氮素矿化的激发特征，并利用数学统计模型，模拟不同氮肥添加量和培养时间组合下土壤氮素矿化动态变化，以期探寻最优的施氮量和氮素矿化的潜力。

10.1　试验设计与材料方法

10.1.1　试验设计

试验土壤采自中国农业科学院新乡农业水上环境野外科学观测试验站再生水灌溉长期定位试验区，再生水灌溉年限为5年。采集0~20cm表层土壤，采集的土壤样品不低于10kg，除去可见动植物残体，按规定方法测定土壤硝态氮和铵态氮含量，其余土壤样品自然风干碾磨过2mm筛备用。

室内常温培养中的外源氮肥为硫酸铵。试验共设6个处理，每个处理重复10次；分别称取100g过2mm筛的风干土样置于36个250mL的三角瓶内，采用去离子水配制不同浓度硫酸铵标准溶液，分别量取50mL不同浓度硫酸铵标准溶液倒入三角瓶内，保持土壤含水率为田间持水量，将三角瓶用封口膜密封，以尽量避免水分蒸发损失与土壤氮素挥发损失。

（1）ReN1处理：再生水灌溉常规施肥+常规追氮（200kg/hm²）。

（2）ReN2处理：再生水灌溉常规施肥+减施追氮20%（160kg/hm²）。

（3）ReN3处理：再生水灌溉常规施肥+减施追氮30%（140kg/hm²）。

（4）ReN4处理：再生水灌溉常规施肥+减施追氮50%（100kg/hm²）。

（5）ReCK处理：再生水灌溉常规施肥+不追氮。

（6）CK处理：清水灌溉常规施肥+不追氮。

10.1.2 观测内容与测定方法

10.1.2.1 土壤样品采集与测定分析

在培养的0d、7d、14d、21d、28d、35d、42d从每个培养瓶中分别取样，测定铵态氮和硝态氮含量。土壤测试指标为硝态氮、铵态氮和全氮。

10.1.2.2 数据处理与统计分析

采用Microsoft Excel和Matlab进行数据处理和统计分析及模型构建。

（1）土壤吸附参数（K_d）。试验共设8个处理，每个处理重复3次；分别称取供试风干土样（过2mm筛）100g，置于24个250mL的三角瓶内，采用去离子水配制不同浓度（10mg/L、20mg/L、50mg/L、100mg/L、200mg/L、300mg/L、400mg/L、500mg/L）硫酸铵标准溶液，量取50mL硫酸铵标准溶液倒入各三角瓶中，将三角瓶用封口膜密封，以防止水分蒸发和土壤氮素反硝化损失。静置3d后，从三角瓶中提取土壤样品，测定土壤含水率及铵态氮含量。吸附量（S）由下式计算：

$$S = \frac{W(C_0 - C_i)}{m}$$

式中，S为土壤对铵态氮的吸附量（mg/kg）；W为倒入土样中的铵态氮溶液的体积（L）；C_0为土壤溶液中铵态氮的浓度（mg/L）；C_i为3d后土壤溶液中铵态氮的平衡浓度（mg/L）；m为加入三角瓶中干土质量（kg）。

$$C_i = \frac{C_1 f}{m_1 \theta_m}$$

式中，C_1为流动分析仪测得NH_4^+的浓度（mg/L）；f为浸提液稀释倍数；m_1为称取鲜土样的质量（g）；θ_m为土样的重量含水率（%）。

Freundlich线性等温吸附模型如下：

$$S = K_d C_0$$

式中，S为土壤对铵态氮的吸附量（mg/kg）；K_d为吸附常数；C_0为土壤溶液中铵态氮的浓度（mg/L）。

（2）一级动力学模型。采用一级动力学方程拟合土壤有机氮矿化过程：

$$N_{net} = a + K_0 C_0 + K_1 C_0^2$$

式中，N_{net}为土壤氮素净矿化势（mg/kg）；K_0为零级动力学反应硝化速率；K_1为一级动力学反应硝化速率；a为土壤矿质氮矿化常数。

（3）土壤氮素累积矿化量的计算。

$$N_{accum} = \int_0^t m(C_t - C_0) \mathrm{d}t$$

式中，N_{accum}为土壤氮素累积矿化量（mg）；C_t为td对应土壤矿质氮含量（mg/kg）；C_0为土壤本底矿质氮含量（mg/kg）；m为土壤质量（kg）。

（4）土壤氮素净矿化量的计算。

$$N_{N_{accum}} = \int_0^t m(C_t - C_0) \mathrm{d}t - \int_0^t m(CK_t - CK_0) \mathrm{d}t$$

式中，$N_{N_{accum}}$为土壤氮素净矿化量（mg）；CK_t为对照处理td对应土壤矿质氮含量（mg/kg）；CK_0为对照处理土壤本底矿质氮含量（mg/kg）。

（5）基于氮肥追施量、培养时间和土壤氮素矿化潜力耦合模型。

$$N_{accum} = a + bt + cC_0 + b_1 t^2 + dtC_0 + c_1 C_0^2$$

式中，N_{accum}为土壤矿质氮含量（mg/kg）；t为培养时间（d）；C_0为氮肥追施量（kg/hm^2）；a、b、c、b_1、d、c_1为土壤氮素矿化相关经验参数。

10.2 再生水灌溉对土壤氮素矿化过程的影响

清水和再生水灌溉土壤氮素矿化量随培养天数变化详见图10-1。室内培养条件下，清水和再生水灌溉土壤氮素矿化动态基本一致，培养前期（<7d）土壤氮素矿化作用强烈，培养后期（>7d）土壤氮素矿化、硝化、生物同化作用处于动态平衡过程，土壤矿质氮含量趋于稳定。与CK处理相比，7d、14d、21d、28d、35d、42d，ReCK处理土壤矿质氮含量分别提高了2.64倍、2.01倍、1.98倍、1.53倍、1.57倍、1.57倍，表明再生水灌溉土壤氮库矿化强烈，灌溉后土壤氮素转化过程以矿化作用为主。

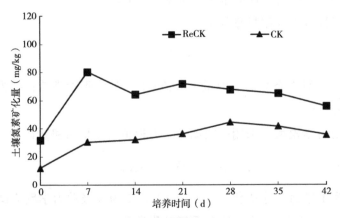

图10-1 清水和再生水灌溉土壤氮素矿化量

10.3 氮肥添加对再生水灌溉土壤氮素矿化的影响

不同氮肥添加水平再生水灌溉土壤氮素矿化量随时间变化详见图10-2。室内培养条件下，不同氮肥添加水平土壤氮素矿化量变化趋势基本一致，即培养前期（<7d）土壤氮素矿化作用强烈，其中ReN1、ReN2、ReN3、ReN4和ReCK处理土壤矿质氮含量分别较前一培养时间提高了1.54倍、1.70倍、1.54倍、1.43倍、2.52倍；>7d后由于微生物同化作用，土壤矿质氮的含量有所降低（ReN1处理除外），其中ReN1、ReN2、ReN3、ReN4和ReCK处理土壤矿质氮含量分别较前一培养时间降低了3.12%、6.56%、5.38%、19.19%，培养后期土壤氮素矿化、硝化、生物同化作用处于动态平衡过程，土壤矿质氮含量趋于稳定。与ReCK处理相比，培养7d后，ReN1、ReN2、ReN3和ReN4处理土壤矿质氮含量分别提高了2.82倍、2.85倍、2.50倍、2.07倍；培养14d后，ReN1、ReN2、ReN3和ReN4处理土壤矿质氮含量分别提高了3.63倍、3.50倍、3.01倍、2.59倍；培养21d、28d、35d、42d后，ReN1、ReN2、ReN3和ReN4处理土壤矿质氮含量增幅分别介于2.22～3.19倍、2.29～3.37倍、2.39～3.49倍、2.69～4.10倍。土壤氮素矿化动态影响因素大致可分为4类，即环境因子、土壤理化性质、C/N含量组成、土壤生物因素。已有研究表明，外源氮肥配施有机肥显著提高了土壤氮素矿化势以及矿化速率，同时氮肥添加也显著增加了土壤氨化速率、硝化速率，本项研究同样得到氮肥添加显著提高了土壤氮素矿化速率，特别是培养前期（<7d），ReN1、ReN2和ReN3处理土壤氮素矿化速率较对照处理提高了1.32～5.67倍；特别是与CK处理相比，不同培养时间，ReCK处理土壤矿质氮含量提高了1.53～2.64倍，干燥土壤再湿润显著激发土壤氮素矿化（$P<0.5$），尤其是与清水灌溉土壤相比，再生水灌溉土壤湿润初期具有强烈的矿化潜力和净矿化量，培养前期（7d），再生水灌溉土壤矿质氮的含量较清水灌溉土壤增加了2.64倍，再生水灌溉土壤有机碳和氮含量得到显著提升。

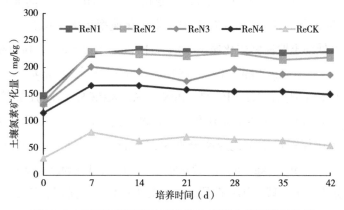

图10-2 不同氮肥追施水平再生水灌溉土壤氮素矿化量

10.4 氮肥添加对再生水灌溉土壤氮素净矿化量的影响

不同氮肥添加水平再生水灌溉土壤氮素净矿化量随时间变化详见图10-3。培养7d后，ReN1、ReN2、ReN3、ReN4和ReCK处理土壤氮素净矿化量分别达到60.86mg/kg、85.89mg/kg、41.85mg/kg、31.74mg/kg、29.99mg/kg；培养14d后，土壤氮素净矿化量基本平衡，平衡状态ReN1、ReN2、ReN3、ReN4和ReCK处理土壤氮素净矿化量分别为54.26mg/kg、59.46mg/kg、34.15mg/kg、22.19mg/kg、19.09mg/kg，ReN1、ReN2、ReN3、ReN4处理土壤氮素净矿化量分别为ReCK处理的2.75倍、3.12倍、2.05倍、1.18倍。

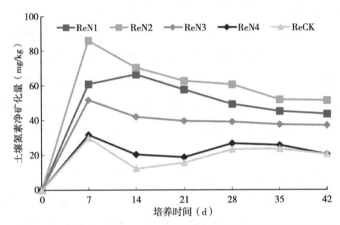

图10-3　氮肥追施再生水灌溉土壤氮素净矿化量随培养时间变化

10.5 氮肥添加对再生水灌溉土壤氮素矿化速率的影响

土壤氮素矿化速率反映了土壤在某段时间内氮矿化量的大小及矿化的难易程度。不同氮肥添加水平土壤氮素矿化速率随时间变化详见图10-4。不同氮肥添加水平土壤氮素矿化速率逐渐下降，各处理0～7d土壤氮素矿化速率最大，ReN1、ReN2、ReN3、ReN4、ReCK和CK处理土壤氮素矿化速率分别为11.32mg/（kg·d）、14.90mg/（kg·d）、10.03mg/（kg·d）、7.16mg/（kg·d）、6.91mg/（kg·d）、2.63mg/（kg·d），ReN2处理土壤氮素矿化速率分别为ReN1、ReN3、ReN4、ReCK和CK处理的1.32倍、1.48倍、2.08倍、2.16倍、5.67倍；14d后土壤氮素矿化速率逐渐稳定，ReN1、ReN2、ReN3、ReN4、ReCK和CK处理土壤氮素稳定矿化速率分别为2.76mg/（kg·d）、3.02mg/（kg·d）、1.97mg/（kg·d）、2.01mg/（kg·d）、1.74mg/（kg·d）、1.06mg/（kg·d）。土壤氮素矿化速率大致可划分为两个阶段，第一阶段，0～14d为矿化激发阶段；第二阶段，14d以后为稳定矿化阶段。以上氮肥添加土壤氮素矿化速率随时间变化研究结果与赵长盛等（2013）

的氮素矿化特征研究结果一致。对比再生水灌溉对照处理（ReCK），不同培养时间，氮肥添加再生水灌溉土壤矿质氮含量提高了2.07～4.10倍，ReN1、ReN2和ReN3处理土壤氮素净矿化量显著增加（$P<0.5$）；特别是培养前期再生水灌溉土壤氮素矿化强烈（矿化激发阶段），与清水灌溉土壤差异明显，主要是因为培养前期再生水灌溉土壤中易分解的糖类和蛋白质等物质含量丰富，以及土壤微生物数量和群落多样性增加促进了氮素矿化。

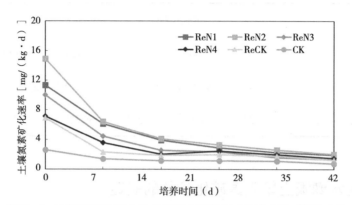

图10-4　不同灌溉处理在培养期间土壤氮素矿化速率随时间的变化

10.6　再生水灌溉下设施土壤氮素矿化潜力预测

10.6.1　土壤吸附参数（K_d）的确定

土壤吸附是指溶质在固相、液相之间的相对分布，对溶质运移起着阻滞作用。K_d用于表征该物理过程的参数，即土壤吸附参数，该参数值越大表明土壤固相对溶质的吸附能力越强、吸附的溶质量越多，反之，则表明土壤固相对溶质的吸附能力越弱、溶质驻留在土壤溶液中的量越多。国内外专家学者已有的研究结果表明，在最大吸附量范围内，描述土壤颗粒对NH_4^+的吸附可采用Freundlich线性等温吸附模型。Freundlich线性等温吸附模型描述如下：

$$S = K_d C_0$$

式中，S为土壤对铵态氮的吸附量（mg/kg）；K_d为土壤吸附参数（L/kg）；C_0为倒入土壤溶液中铵态氮的浓度（mg/L）。

假定土壤对NH_4^+的吸附在瞬间内达到平衡状态，本研究测定了平衡状态下NH_4^+吸附的固、液相对土壤吸附参数K_d。

试验结果如表10-1所示。根据表10-1中数据，绘制S-C关系曲线，并用直线拟合两者之间的关系，结果为：

$$S = K_d(C_0 - C)$$

式中，土壤吸附参数（K_d）为0.329 7L/kg，拟合曲线的相关性系数（R^2）达到 0.917 4。

表10-1　土壤NH_4^+-N吸附试验结果

	试验结果							
C_0（mg/L）	10	20	50	100	200	300	400	500
C（mg/L）	1.584 6	8.418 7	28.348 4	48.214 4	103.433 8	160.545 9	244.871 5	316.223 1
S（mg/kg）	0.477 4	2.536 6	10.825 8	25.892 8	48.283 1	69.727 1	77.564 3	91.888 5

10.6.2　再生水灌溉土壤氮素矿化参数的确定

不同氮肥添加水平土壤氮素净矿化量的拟合关系详见图10-5。土壤氮素净矿化量与氮肥添加水平的拟合关系可以用来确定土壤氮素矿化参数，反映了不同氮素添加水平的氮素净矿化量。假定不同氮肥添加水平土壤氮素净矿化量为对应氮肥添加水平土壤矿质氮含量与土壤本底矿质氮含量和未施肥土壤矿质氮含量的差值，且土壤氮素净矿化量与氮肥添加量符合一级反应动力学方程。试验结果可用下式描述：

$$N_{net} = a + K_0 C_0 + K_1 C_0^2$$

式中，N_{net}为土壤氮素净矿化势（mg/kg）；K_0为零级动力学反应硝化速率；K_1为一级动力学反应硝化速率；a为土壤矿质氮矿化常数。

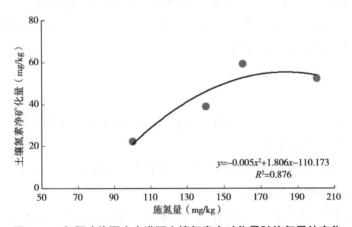

图10-5　氮肥追施再生水灌溉土壤氮素净矿化量随施氮量的变化

由拟合结果可知，零级、一级动力学反应硝化速率 K_0、K_1 分别为1.338、-0.003，而土壤矿质氮矿化常数 a 为-110.173。土壤氮素净矿化量与氮肥添加量相关关系呈非线性相关（$R^2=0.876$），即土壤氮素净矿化量与氮肥添加量呈先增加后减小的趋势，土壤氮素净矿化势的最大值为52.91mg/kg，对应的氮肥添加量为180.6mg/kg。以上表明氮肥添加量对再生水灌溉土壤氮素矿化激发效应差异明显。

10.6.3　氮肥添加再生水灌溉土壤氮素矿化势耦合模型

土壤氮素矿化过程受灌水、氮肥添加量、作用时间等因素影响（表10-2）。土壤氮素矿化势反映了土壤供氮能力及矿质氮供应强度，并决定着土壤氮素生物有效性。利用Matlab进行计算分析不同土壤背景、氮肥添加及时间对土壤氮素矿化的相关关系，以培养天数、氮肥添加量为自变量，土壤氮素矿化量为因变量，氮肥添加再生水灌溉土壤氮素矿化潜力耦合模型可表达为下式：

$$N_{accum} = a + bt + cC_0 + b_1 t^2 + dtC_0 + c_1 C_0^2$$

式中，N_{accum} 为土壤氮素矿化量（mg/kg）；t 为培养天数（d）；C_0 为氮肥添加量（kg/hm²）；a、b、c、d、b_1、c_1 为土壤氮素矿化经验参数。

耦合模型的经验参数取值详见表10-3，不同土层深度土壤脲酶活性与培养时间、氮肥添加量的模拟与预测结果详见表10-4和图10-6、图10-7。氮素矿化的定量研究是指导农业生产实践的前提和基础，土壤氮素矿化模型主要分为简单功能模型和环境效应模型；简单功能模型用于定量描述及预测土壤氮素矿化动态和过程，环境效应模型则侧重于量化外部环境因素对土壤氮素矿化过程的影响。简单功能模型中土壤氮素矿化的基本思想是土壤有机氮的矿化量与培养时间成正比，利用土壤氮素矿化势（N_0）和一阶相对矿化速率常数（k）量化预测一段时间内植物可利用氮，但不同研究中 N_0 和 k 值有较大的波动。总之，土壤氮矿化一阶、双组分、混合模型等8种土壤氮素矿化模型中，双组分模型虽有很好的模拟精度和效果，但是该模型涉及输入参数较多，参数率定过程非常复杂，且不同模型都会受培养温度、土壤湿度、土壤本底等因素的影响，亦未能将环境因素设定在具有普适性的方程中，在实际应用中局限性十分明显。

依据前人研究，氮素矿化量受氮肥添加量、培养时间影响，本研究假定氮素矿化量为氮肥添加量、培养时间的二阶方程，构建二元二次统计模型，该模型的相关系数达到0.917，利用该模型模拟的结果表明，模拟值与实测值的相对误差仅为9.28%，表明该模型可以预测、评估不同施氮水平再生水灌溉土壤氮素矿化动态。不同氮肥添加量再生水灌溉土壤氮素累积矿化量随时间变化详见表10-2。氮肥添加再生水灌溉土壤氮素矿化量耦合模型参数取值详见表10-3。运用该模型预测最佳氮肥添加量为212.83kg/hm²，土壤氮素净矿化量的最大值为54.09mg/kg，而对应的培养时间为14d。

表10-2　不同氮肥添加量再生水灌溉土壤氮素累积矿化量随时间变化

时间（d）	氮肥添加量（kg/hm²）				
	0	100	140	160	200
0	31.886	116.002	130.820	134.340	146.759
7	80.275	166.134	201.061	238.627	226.013
14	64.203	166.469	192.987	224.779	233.166
21	71.807	159.190	184.614	221.233	228.824
28	87.687	185.191	197.499	227.404	228.436
35	94.908	185.052	187.836	225.827	226.408
42	85.742	180.053	186.405	219.225	228.734

表10-3　氮肥添加再生水灌溉土壤氮素矿化势耦合模型参数取值

参数	a	b	c	d	b_1	c_1	R^2	RMSE
取值	35.24	4.387	1.277	0.000 6	-0.082	-0.003	0.917	18.37

表10-4　不同氮肥添加量再生水灌溉土壤氮素累积矿化量随时间变化模拟

时间（d）	氮肥添加量（kg/hm²）							
	0	100	140	160	200	240	270	300
0	31.886	116.002	130.820	134.340	146.759	168.920	161.330	148.340
7	80.275	166.134	201.061	238.627	226.013	196.619	189.155	176.291
14	64.203	166.469	192.987	224.779	233.166	216.282	208.944	196.206
21	71.807	159.190	184.614	221.233	228.824	227.909	220.697	208.085
28	87.687	185.191	197.499	227.404	228.436	231.500	224.414	211.928
35	94.908	185.052	187.836	225.827	226.408	227.055	220.095	207.735
42	85.742	180.053	186.405	219.225	228.734	214.574	207.740	195.506
43	72.263	172.543	192.243	199.783	212.823	212.135	205.319	193.103
44	69.516	169.856	189.496	197.036	210.196	209.532	202.734	190.536
45	66.605	167.005	186.585	194.125	207.405	206.765	199.985	187.805
46	63.530	163.990	183.510	191.050	204.450	203.834	197.072	184.910

时间 （d）	氮肥添加量（kg/hm²）							
	0	100	140	160	200	240	270	300
47	60.291	160.811	180.271	187.811	201.331	200.739	193.995	181.851
48	56.888	157.468	176.868	184.408	198.048	197.480	190.754	178.628
49	53.321	153.961	173.301	180.841	194.601	194.057	187.349	175.241
50	49.590	150.290	169.570	177.110	190.990	190.470	183.780	171.690

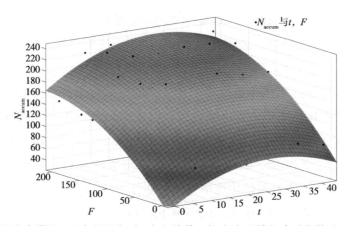

图10-6　再生水灌溉不同氮肥添加（F）和培养天数（t）土壤氮素矿化势（N_{accum}）模拟

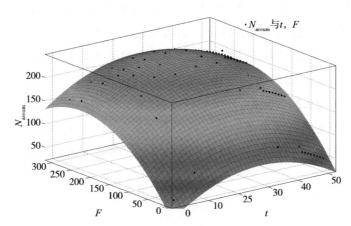

图10-7　再生水灌溉不同氮肥添加（F）和培养天数（t）土壤氮素矿化势（N_{accum}）预测

10.7　本章小结

科学认识土壤中氮素形态及其转化过程，特别是灌溉、施肥条件下土壤氮素动态变化特征，对于提高氮肥肥效、降低施肥环境负效应及资源消耗都具有重要现实意义。通过本项室内试验，主要研究结论如下。

（1）室内培养条件下，清水和再生水灌溉土壤氮素矿化动态基本一致，培养前期（<7d）土壤氮素矿化作用强烈，14d后土壤矿质氮含量基本处于动态平衡状态。7d、14d、21d、28d、35d、42d，再生水灌溉土壤矿质氮的含量较清水灌溉提高了1.85~2.64倍，表明再生水灌溉提高了土壤的供氮能力。

（2）不同氮肥添加水平土壤氮素矿化动态基本一致，即培养前期（<7d）土壤氮素矿化作用强烈，其中ReN1、ReN2、ReN3、ReN4和ReCK处理土壤矿质氮含量分别较前一培养时间提高了1.54倍、1.70倍、1.54倍、1.43倍、2.52倍；与ReCK处理相比，不同培养时间ReN1、ReN2、ReN3和ReN4处理土壤矿质氮含量分别提高了3.43倍、3.34倍、2.85倍、2.38倍，表明氮肥添加促进了土壤氮素矿化激发，提高了土壤矿质氮的水平。

（3）不同氮肥添加水平土壤氮素矿化速率随时间逐渐降低并趋于稳定，所有处理0~7d土壤氮素矿化速率最大，土壤氮素矿化速率介于2.63~14.90mg/（kg·d），特别是ReN2处理土壤氮素矿化速率分别为ReN1、ReN3、ReN4、ReCK和CK处理的1.32倍、1.48倍、2.08倍、2.16倍、5.67倍；土壤氮素稳定矿化速率介于1.06~3.02mg/（kg·d）。土壤氮素矿化速率大致可划分为两个阶段，第一阶段，0~14d为矿化激发阶段，第二阶段，14d以后为稳定矿化阶段。

（4）土壤氮素净矿化量与氮肥添加量呈非线性相关，相关关系表达式为$N_{net}=-0.003C_0^2+1.338C_0-110.73$（$R^2=0.88$），适宜氮肥投入促进了再生水灌溉土壤氮素矿化激发效应，但氮肥投入过量条件下，土壤氮素净矿化量增加并不明显。

（5）土壤氮素矿化量可表达为氮肥添加量、培养天数的二元二次函数，该函数为$N_{accum}=35.24+4.387t+1.277C_0-0.082t^2+0.0006tC_0-0.003C_0^2$，该模型相关系数达到0.9以上，相对误差仅为9.28%，表明该模型可以预测、评估不同施氮水平再生水灌溉土壤氮素矿化动态。运用该模型预测最佳氮肥添加量为212.83kg/hm²，因此，可利用再生水灌溉和减氮追施，实现设施生境氮肥减施增效、缓解规避环境风险。

11 再生水灌溉土壤氮素迁移转化模拟试验

11.1 数学模型的构建

11.1.1 土壤水分基本模型

假设土壤为均质土壤、各向同性、固相骨架不变形的多孔介质，不考虑气相及温度在土壤水分运动中的作用，则土壤水分可用下式计算：

$$\theta = \begin{cases} \theta_{sat}\left(\dfrac{r}{K_{sat}}\right)^{\frac{1}{2b+3}}, & r \leq K_{sat} \\ \theta_{sat}, & r > K_{sat} \end{cases} \tag{11-1}$$

式中，θ为土壤含水率；θ_{sat}为饱和土壤含水率；r为入渗系数；K_{sat}为饱和水力传导度；b为土壤水分特征曲线参数。

11.1.2 NO$_3^-$-N在土壤中运移的基本方程

考虑作物根系吸收以及土壤溶质吸附与解吸，稳定水流条件下，NO$_3^-$-N在均质非饱和土壤中的垂向运移可用以下方程描述：

$$\frac{\partial C_1}{\partial t} = D\frac{\partial^2 C_1}{\partial z^2} - v\frac{\partial C_1}{\partial z} - \frac{\rho_b}{\theta}\frac{\partial S}{\partial t} - k_1 C_1 + k_2 C_2 - \phi_1(z, t) \tag{11-2}$$

式中，C_1为土壤水中NO$_3^-$-N浓度（M/L^3）；t为时间（T）；z为水流方向（L）；D为弥散系数（L^2/T）；v为孔隙水流速（L/T）；ρ_b为土壤干容重（M/L^3）；θ为体积含水率（L^3/L^3）；S为土壤中NO$_3^-$-N浓度（M/M）；k_1为土壤水中NO$_3^-$-N一级动力学反应衰减系数（L/T）；$\phi_1(z, t)$为植物根系对NO$_3^-$-N的吸收。

$\partial S/\partial t$是由于土壤吸附作用导致NO$_3^-$-N浓度的损失，由于NO$_3^-$为阴离子，土壤胶体带负电荷，对NO_3^--N的吸附几乎为零，因此，$\partial S/\partial t$为零，所以方程（11-2）可简化为：

$$\frac{\partial C_1}{\partial t} = D\frac{\partial^2 C_1}{\partial z^2} - v\frac{\partial C_1}{\partial z} - k_1 C_1 + k_2 C_2 - \phi_1(z, t) \qquad (11-3)$$

11.1.3 NH_4^+-N在土壤中运移的基本方程

考虑作物根系吸收以及土壤溶质吸附与解吸，均质土壤中稳定水流条件下，NH_4^+-N在非饱和土壤中的垂向运移可以用以下方程来描述：

$$\frac{\partial C_2}{\partial t} = D\frac{\partial^2 C_2}{\partial z^2} - v\frac{\partial C_2}{\partial z} - \frac{\rho_b}{\theta}\frac{\partial S}{\partial t} - k_2 C_2 - \phi_2(z, t) \qquad (11-4)$$

式中，C_2为土壤水中NH_4^+-N的浓度（M/L^3）；t为时间（T）；z为水流方向（L）；D为弥散系数（L^2/T）；v为孔隙水流速（L/T）；ρ_b为土壤干容重（M/L^3）；θ为体积含水率（L^3/L^3）；S为土壤中NH_4^+-N的浓度（M/M）；k_2为土壤水中NH_4^+-N一级动力学反应衰减系数（L/T）；$\phi_2(z, t)$为植物根系对NH_4^+-N的吸收。

$\partial S/\partial t$为由于土壤吸附作用而导致NH_4^+-N浓度的损失。假定土壤的吸附为线性等温吸附，吸附作用瞬间完成，则$\partial S/\partial t$可以用下式计算：

$$\frac{\partial S}{\partial t} = K_d\frac{\partial C_2}{\partial t} \qquad (11-5)$$

式中，K_d为线性等温吸附常数（Freundlich线性等温吸附常数）。将方程（11-5）代入方程（11-4），得：

$$R\frac{\partial C_2}{\partial t} = D\frac{\partial^2 C_2}{\partial z^2} - v\frac{\partial C_2}{\partial z} - k_2 C_2 - \phi_2(z, t) \qquad (11-6)$$

如果土壤与溶质之间不存在相互作用即$K_d=0$，那么R值就为单位1。R值很容易用K_d值计算得到，其中K_d是通过溶液或吸附相的化学分析得到。另外，R值也可以通过实验室土柱溶质的位移研究来估计。因此，延迟因子 $R = 1 + \dfrac{K_d\rho_b}{\theta}$ $\qquad (11-7)$

11.1.4 初始条件和边界条件

11.1.4.1 初始条件

土壤水分和氮素运移方程的初始条件为：

$$\theta\left(z,t\right)=\theta_0 \tag{11-8}$$

$$C_1\left(z,\ t\right)=\begin{cases} C_{10} & z<0,\ t=0 \\ 0 & 0\leqslant z<\infty,\ t=0 \end{cases} \tag{11-9}$$

$$C_2\left(z,\ t\right)=\begin{cases} C_{20} & z<0,\ t=0 \\ 0 & 0\leqslant z<\infty,\ t=0 \end{cases} \tag{11-10}$$

式中，$\theta\left(z,\ t\right)$、$C_1\left(z,\ t\right)$、$C_2\left(z,\ t\right)$ 分别表示土壤含水率、NO_3^--N 和 NH_4^+-N 浓度，θ_0、C_{10}、C_{20} 分别为各自的初始值，单位分别为 L^3/L^3，M/M，M/M；z、t 分别表示模拟考虑区域边界在垂向的坐标及溶质运移的时间。

11.1.4.2 边界条件

假定试验过程中溶质运移的上边界条件为一类边界条件：

$$C_1\left(z,\ t\right)=C_{10} \quad z\leqslant 0,\ 0\leqslant t<\infty \tag{11-11}$$

$$C_2\left(z,\ t\right)=C_{20} \quad z\leqslant 0,\ 0\leqslant t<\infty \tag{11-12}$$

下边界为自由排水边界：

$$\frac{\partial h}{\partial z}=0 \quad z\to\infty,\ 0\leqslant t<\infty \tag{11-13}$$

$$\lim_{|z|\to\infty}\frac{\partial C_1}{\partial z}=0 \quad z\to\infty,\ 0\leqslant t<\infty \tag{11-14}$$

$$\lim_{|z|\to\infty}\frac{\partial C_2}{\partial z}=0 \quad z\to\infty,\ 0\leqslant t<\infty \tag{11-15}$$

上述边界条件下方程（11-3）、（11-6）解可以用下式表达：

$$C_i\left(z,\ t\right)=\frac{C_{i0}}{2}\left\{\exp\left(-K_it\right)\mathrm{erf}\left[\frac{z+\dfrac{vt}{R}}{2\sqrt{Dt/R}}\right]-\mathrm{erf}\left[\frac{z-\dfrac{vt}{R}}{2\sqrt{Dt/R}}\right]\right\} \tag{11-16}$$

式中，$C_i\left(z,\ t\right)$ 表示土壤 NO_3^--N 或 NH_4^+-N 浓度（M/M）；C_{i0} 为各自的初始值（M/M）；K_i 为土壤水中 NO_3^--N 或 NH_4^+-N 一级动力学反应衰减系数（L/T）；其他符号物理意义同上。式中 $\mathrm{erf}\left(z\right)$ 为误差函数，其定义如下：

$$\text{erf}(z) = \frac{2}{\sqrt{\pi}} \int_0^z \exp(-v^2) dv \tag{11-17}$$

11.2　数学模型参数率定

11.2.1　土壤物理参数

11.2.1.1　入渗系数（r）

入渗系数为描述水分进入土壤的参数，反映了土壤的入渗性能，是模拟和估计土壤溶质运移的重要参数之一。入渗系数与降雨或灌水强度、土壤质地、灌水持续时间等因素有关。当降雨强度或灌水强度小于饱和水力传导度 K_{sat} 时，入渗系数等于降雨或灌水强度；当降雨或灌水强度大于饱和水力传导度 K_{sat} 时，入渗系数可能远远超过 K_{sat}。因此，在模拟较长时期时，入渗系数以纯粹的地下水入渗系数计，该入渗系数扣除了由于植株蒸腾和棵间蒸发所造成的损失。入渗系数的测定采用双环法进行测定，根据试验地实测资料推算，0～100cm土层平均稳定入渗系数 r=0.9cm/h。

11.2.1.2　水力传导度（K）

水力传导度和土壤含水率的相关关系是假定流体流动处于稳态条件下得到的。土壤水分特征曲线和非饱和水力传导度采用Campbell模型计算。

$$\frac{K}{K_{sat}} = \left(\frac{\theta}{\theta_{sat}}\right)^{2b+3} \tag{11-18}$$

式中，K 为体积含水率为 θ 时水力传导度；K_{sat} 为体积含水率为饱和含水率 θ_{sat} 时水力传导度；b 为土壤水分特征曲线参数，对于不同土壤质地 b 取值不同。本试验 b=5，θ_{sat}=0.336cm³/cm³，K_{sat}=0.78cm/h。

11.2.1.3　其他土壤物理参数

土壤干容重采用环刀法测定，0～100cm土壤干容重 ρ_b=1.4g/cm³。

11.2.2　溶质运移参数

模拟中假设 $NO_3^- $-N 和 NH_4^+-N 的水动力弥散系数相同，溶质运移参数采用以下 Biggar 和 Nielsen 提出的经验关系式进行估计：

$$D = D_P + 2.93v^{1.11} \tag{11-19}$$

式中，D_P为溶质分子在水中扩散系数（cm²/d）；v为孔隙水流速（cm/d），$v=r/\theta$。

参数$D_P=0.72$cm²/d，弥散系数$D=0.95$cm²/d。

11.2.3 吸附参数（K_d）

11.2.3.1 土壤吸附模式及试验方法

吸附是描述溶质在土壤固相、液相的相对分布，它参与了溶质在土壤中的运移过程，对溶质运移起着阻滞作用。K_d越大表明土壤固相吸附的溶质量越大，反之，K_d越小表明溶质保持在土壤溶液中的量越多。国内研究结果表明，在最大吸附量范围内，描述土壤对NH$_4^+$的吸附以Freundlich线性等温吸附模型较为适宜。Freundlich线性等温吸附描述如下：

$$S = K_d C_2 \tag{11-20}$$

式中，K_d为吸附参数（L³/M）。

11.2.3.2 试验结果与分析

土壤对NH$_4^+$-N的吸附试验过程为，首先称取供试土样（风干土，过2mm筛）100g，均匀装入三角瓶中。配制不同浓度（10mg/L、20mg/L、50mg/L、100mg/L、200mg/L、300mg/L、400mg/L、500mg/L）(NH$_4$)$_2$SO$_4$溶液，量取50mL (NH$_4$)$_2$SO$_4$溶液倒入三角瓶中，将三角瓶用橡皮塞盖紧密封，以防止水分蒸发。静置3d后，从三角瓶中提取土壤样本，测定土壤含水率及NH$_4^+$-N含量。吸附量（S）由下式计算：

$$S = \frac{W(C_0-C)}{m} \tag{11-21}$$

式中，S为土壤对NH$_4^+$-N的吸附量（M/M）；W为倒入土样中的NH$_4^+$-N溶液的体积（L）；C_0为倒入土壤溶液中NH$_4^+$-N的浓度（M/L³）；C为3d后土壤溶液中NH$_4^+$-N的平衡浓度（M/L³）；m为加入三角瓶中干土质量（M）。

$$C = \frac{C_1 \cdot f \cdot 100 \cdot (1+\theta_m)}{10 \cdot \theta_m} \tag{11-22}$$

式中：C_1为流动分析仪测得的NH$_4^+$-N浓度（M/L³）；f为浸提液稀释倍数；θ_m为土样的质量含水率。

试验结果如表11-1所示。根据表11-1数据，绘制S-C关系曲线，并用直线拟合两者之间的关系，结果为：

$$S = k_d(C_0 - C) \qquad R^2 = 0.9174 \qquad （11-23）$$

式中，吸附参数K_d为0.329 7L/kg。

表11-1　土壤NH_4^+-N吸附试验结果

参数	试验结果							
C_0（mg/L）	10	20	50	100	200	300	400	500
C（mg/L）	1.584 6	8.418 7	28.348 4	48.214 4	103.433 8	160.545 9	244.871 5	316.223 1
S（mg/kg）	0.477 4	2.536 6	10.825 8	25.892 8	48.283 1	69.727 1	77.564 3	91.888 5

11.2.4　氮素转化参数

11.2.4.1　固相降解系数K_{s1}和K_{s2}

固相降解系数K_{s1}和K_{s2}反映了土壤中无机氮的固持作用以及无机氮化合物（NH_4^+、NO_2^-、NO_3^-等）转化为有机氮的过程。K_{s1}和K_{s2}参考国内外文献选取，见表11-2。

11.2.4.2　液相降解系数K_{l1}和K_{l2}

液相降解系数K_{l1}即土壤NH_4^+-N在土壤微生物的作用下，转化为NO_3^--N的过程，也称之为硝化作用。影响硝化作用的主要因素有土壤基质中NH_4^+的浓度、土壤透气性、土壤湿度、土壤温度、土壤pH值。液相降解系数K_{l1}参考国内外文献选取，见表11-2。

液相降解系数K_{l2}即土壤中NO_3^-的反硝化作用，反硝化土壤中NO_3^-还原为N_2O、N_2和O_2自土体中损失，在酸性土壤中也可能产生NO。影响土壤中反硝化作用的主要因素有土壤中有机碳的供应、土壤透气性、土壤湿度、土壤温度、土壤NO_3^--N含量、土壤pH值。Antonopoulos等（1993）指出当土壤中NO_3^--N的浓度大于100mg/L时，土壤中反硝化作用满足零级动力学反应方程；Selim等（1981）指出，当土壤溶液中NO_3^--N的浓度小于40mg/L时，其反硝化作用的动力学反应便趋于一级反应。本试验中，土壤溶液中NO_3^--N的浓度普遍小于40mg/L，因而用一级动力学反应方程描述NO_3^-的反硝化过程。一级反应速率参考国内外文献选取，见表11-2。

表11-2　氮素转化参数

参数	K_{s1}	K_{s2}	K_{l1}	K_{l2}
模拟参数取值［mg（kg干土·d）］	0.077 00	0.012 86	0.001 5	0.032 14

11.3 模型敏感性分析

敏感性分析主要是评价不同模型参数输入对模型模拟结果的影响（浓度剖面），以及模型输入参数的改变对模型稳定性的影响。NH_4^+-N运移模型主要输入参数包括土壤入渗速率、土壤吸附常数、土壤干容重、土壤饱和水力传导度、土壤水分特征曲线系数、弥散系数、NH_4^+-N液相降解系数；NO_3^--N运移模型主要输入参数包括土壤入渗速率、土壤干容重、土壤饱和水力传导度、土壤水分特征曲线系数、弥散系数、NO_3^--N液相降解系数。每个模型参数给定3个取值（低、典型、高），绘制模型参数3个取值对应模拟结果，见图11-1至图11-7。通过模型参数3个取值的对比分析发现模型对入渗速率最为敏感，也可以说土壤入渗速率的改变对模型稳定性影响最为显著，模型对吸附常数、弥散系数、液相降解系数也相当敏感；模型对土壤容重、土壤水分特征曲线系数、饱和水力传导度相对不敏感。

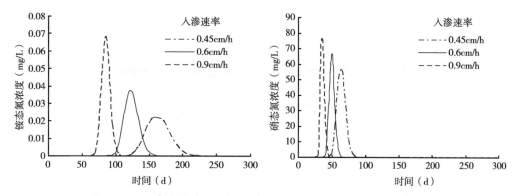

图11-1 入渗速率对1m土层土壤溶液NH_4^+-N和NO_3^--N浓度的影响

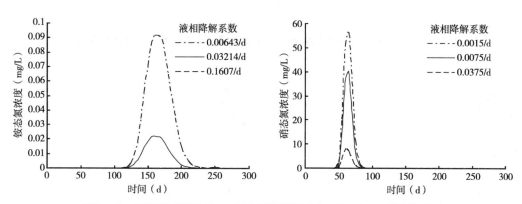

图11-2 液相降解系数对1m土层土壤溶液NH_4^+-N和NO_3^--N浓度的影响

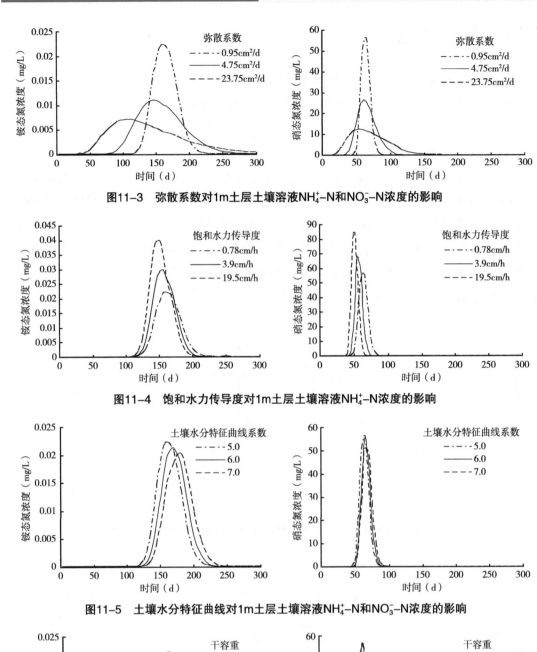

图11-3 弥散系数对1m土层土壤溶液NH_4^+-N和NO_3^--N浓度的影响

图11-4 饱和水力传导度对1m土层土壤溶液NH_4^+-N浓度的影响

图11-5 土壤水分特征曲线对1m土层土壤溶液NH_4^+-N和NO_3^--N浓度的影响

图11-6 干容重对1m土层土壤溶液NH_4^+-N和NO_3^--N浓度的影响

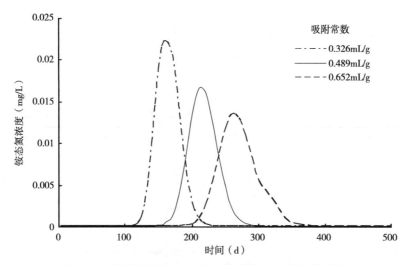

图11-7　吸附常数对1m土层土壤溶液NH$_4^+$-N浓度的影响

11.4　冬小麦氮素运移模拟结果与分析

运用修正PESTAN模型对冬小麦种植条件下不同潜水埋深再生水灌溉土壤NO$_3^-$-N、土壤NH$_4^+$-N及土壤溶液NO$_3^-$-N运移进行数值模拟，并将模拟值与实测值进行对比分析。

11.4.1　土壤NO$_3^-$-N运移模拟

图11-8至图11-10为再生水灌溉后2d、5d、10d不同处理土壤NO$_3^-$-N模拟值与实测值。模拟结果基本反映了土壤NO$_3^-$-N的运移状况，再生水灌溉后2d各处理1m土层内NO$_3^-$-N模拟值与实测值均有较大差异，随着时间的推移，模拟值与实测值逐渐逼近。

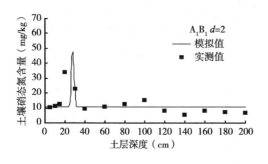

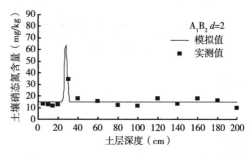

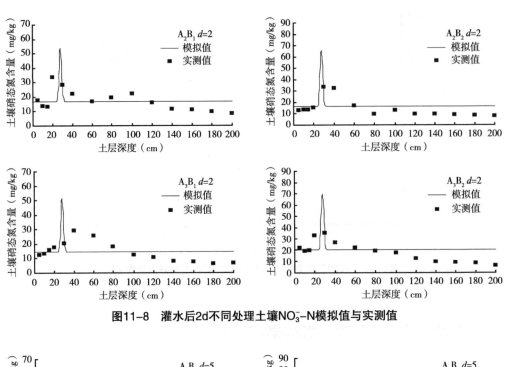

图11-8　灌水后2d不同处理土壤NO₃⁻-N模拟值与实测值

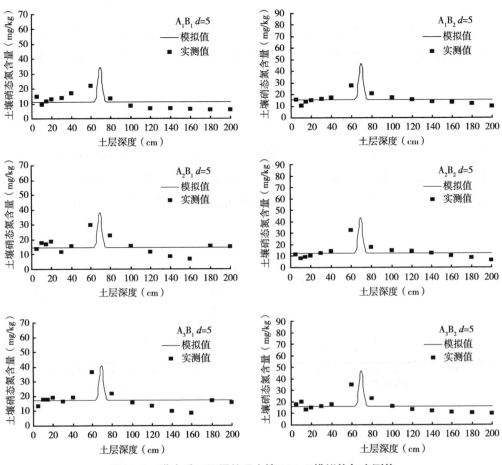

图11-9　灌水后5d不同处理土壤NO₃⁻-N模拟值与实测值

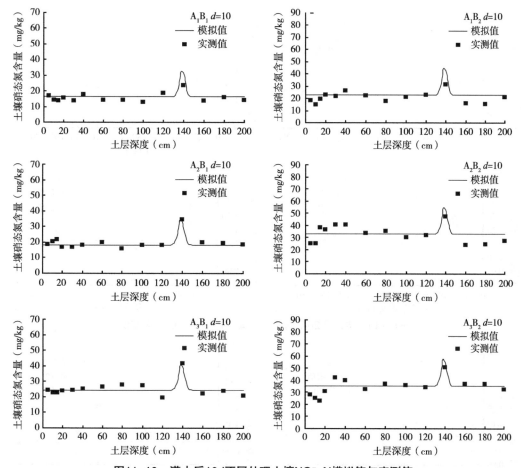

图11-10 灌水后10d不同处理土壤NO_3^--N模拟值与实测值

11.4.2 土壤NH_4^+-N运移模拟

图11-11至图11-13分别为再生水灌溉后2d、5d、10d不同处理土壤NH_4^+-N模拟值与实测值。模拟值与实测值拟合并不十分理想，模拟值对土壤NH_4^+-N峰值估计偏大，灌水后10d模拟值与实测值拟合较好。

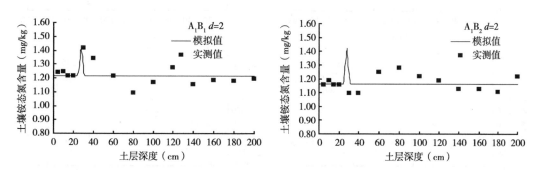

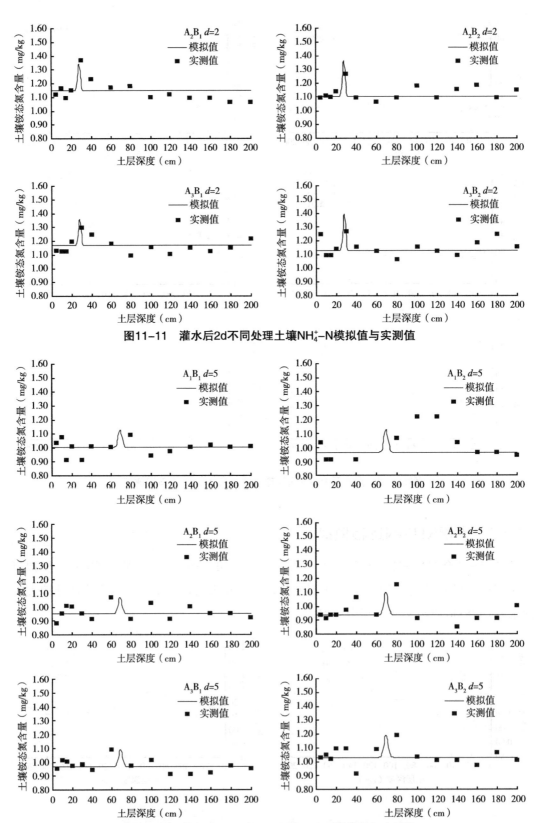

图11-11　灌水后2d不同处理土壤NH₄⁺-N模拟值与实测值

图11-12　灌水后5d不同处理土壤NH₄⁺-N模拟值与实测值

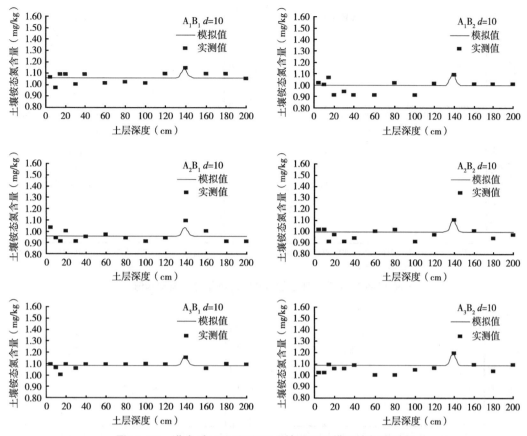

图11-13　灌水后10d不同处理土壤NH$_4^+$-N模拟值与实测值

11.4.3　土壤溶液NO$_3^-$-N运移模拟

图11-14至图11-19为再生水灌溉后不同处理土壤溶液NO$_3^-$-N浓度随土层深度的变化模拟值与实测值。灌水后，土壤溶液NO$_3^-$-N的峰值随灌水时间向下层土壤逐渐推移，灌水后2d土壤溶液NO$_3^-$-N的峰值最大。地下水埋深较浅，土壤溶液中NO$_3^-$-N很快运移到地下水中，并保持较高浓度，易造成对地下水环境的污染，而埋深越深土壤溶液中NO$_3^-$-N运移到地下水的路径越长，由于反硝化作用及作物吸收利用等因素造成的NO$_3^-$-N损失越多，对地下水环境较为安全。由于实测值为通过土壤溶液提取器抽取土壤溶液化验分析结果，土壤溶液提取器提取土壤溶液为某时段一定土层深度土壤溶液的平均值，因此实测值与模拟值并不能完全吻合。

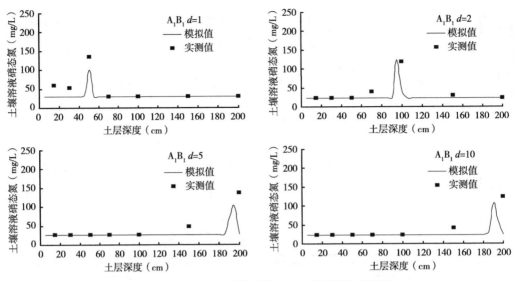

图11-14　处理A_1B_1土壤溶液NO_3^--N模拟值与实测值

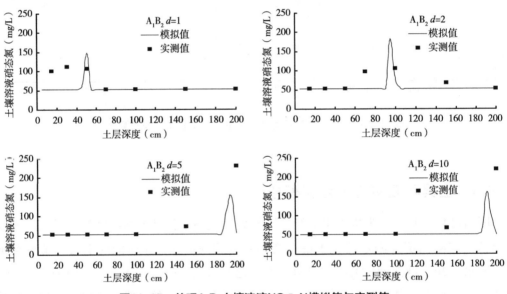

图11-15　处理A_1B_2土壤溶液NO_3^--N模拟值与实测值

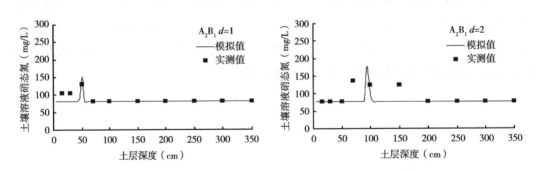

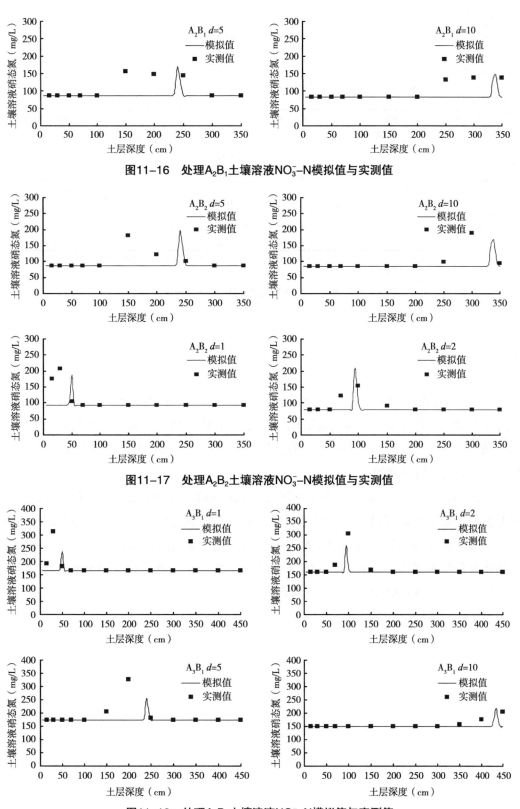

图11-16　处理A₂B₁土壤溶液NO₃⁻-N模拟值与实测值

图11-17　处理A₂B₂土壤溶液NO₃⁻-N模拟值与实测值

图11-18　处理A₃B₁土壤溶液NO₃⁻-N模拟值与实测值

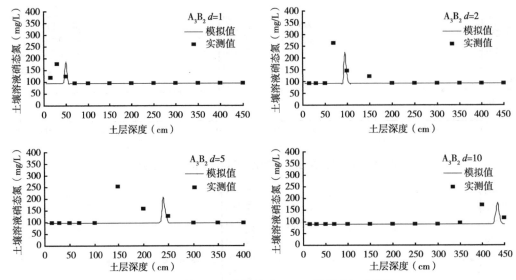

图11-19　处理A₃B₂土壤溶液NO₃⁻-N模拟值与实测值

11.5　本章小结

（1）修正PESTAN模型模拟结果表明，灌水后2d，PESTAN模型模拟值对土壤NO_3^--N含量峰值估计偏小，但土壤NH_4^+-N含量峰值估计偏大；随着灌水时间的推移，模拟值与实测值逐渐逼近；模拟结果总体反映了0～200cm土层土壤NO_3^--N含量、NH_4^+-N含量随时间迁移特征。

（2）灌水后，不同试验处理土壤溶液中NO_3^--N的浓度峰值随灌水时间向下层土壤逐渐推移。地下水埋深较浅，土壤溶液中NO_3^--N很快淋溶到地下水中，易造成地下水污染，地下水埋深越深土壤溶液中NO_3^--N淋溶到地下水的路径越长，由于土壤吸附、反硝化及作物根系吸收等作用，对地下水环境影响较小；修正PESTAN模型模拟结果基本反映了土壤溶液中NO_3^--N的迁移过程。

12 再生水灌溉对设施生境影响与环境效应评价

再生水利用的健康风险评价起步于20世纪80年代，再生水的作物健康风险主要来自再生水中含有的过量营养盐、重金属、持久性有机污染物和新型污染物等，上述污染物可能导致作物冗余生长或抑制作物生长，也可影响作物品质；再生水的水源来源广泛、复杂，限于当前的社会发展水平、处理工艺等因素还不能实现所有污染物的完全去除。因此，开展再生水灌溉对生境健康的影响评估就显得尤为重要。为了研究长期再生水灌溉对设施生境土壤的环境效应，通过再生水灌溉土壤生境因子（pH值、EC、OM、Cd、Cr）的周年变化特征分析，探讨土壤生境因子对再生水灌溉的响应特征，并利用暴露剂量估算模型评估长期再生水灌溉的健康风险，探明设施再生水灌溉下4种典型限制性因子的致癌途径和致癌风险阈值。

12.1 试验设计与材料方法

12.1.1 观测内容与测定方法

采集种植前及收获后土壤样品：分别于番茄移栽前（2013年3月背景值）、收获后（2013年8月、2014年8月、2015年8月）采集土壤样品。每个小区利用直径为3.5cm标准土钻取土壤样本，土壤样本采集采用5点取样法，混合均匀成1个混合样，采样深度分别为0~10cm、10~20cm、20~30cm、30~40cm、40~60cm。

根际、非根际土壤温度测定：分别在番茄植株根系及根系之间安装土壤温度自动记录仪（LOGGER：LGR-DW 41，杭州），测试时间为番茄移栽后至收获前。土壤温度测定采用4通道多点温度自动记录仪，分别在番茄根际、非根际埋设土壤温度探头，埋设深度0.1m，测定频率为2h，每个试验小区埋设土壤温度探头2组。

土壤测试指标为pH值、电导率（EC）、有机质、Cd、Cr。土壤有机质采用重铬酸钾氧化-容量法测定；土壤Cd、Cr采用原子吸收分光光度计（SHIMADZU，AA-6300C，日本）测定。

12.1.2 数据处理与统计分析

利用Microsoft Excel 2013和Matlab进行绘图和统计模型的构建；利用DPS 14.50软件中的单因素方差分析和两因素方差分析进行显著性分析；利用Duncan's新复极差法进行多重比较，置信水平为0.05。

12.2 设施空气温度、湿度变化特征

2013—2015年设施环境中空气温度、湿度变化一致，现以2013年为例。设施番茄全生育期（4—7月）空气温度、湿度变化详见图12-1。4—7月空气温度、湿度变化趋势基本一致，空气温度变化趋势表现为0—6时空气温度基本平稳、6—14时空气温度逐渐升高，并在14时达到最大，4—7月空气温度极大值分别为31.06℃、28.39℃、35.01℃、38.05℃，14—22时空气温度逐渐降低；气温升高显著降低了空气中的湿度，特别是在6—14时，空气中的湿度下降明显，14时空气湿度最小，4—7月空气湿度极小值分别为40.37%、55.95%、42.29%、40.55%。

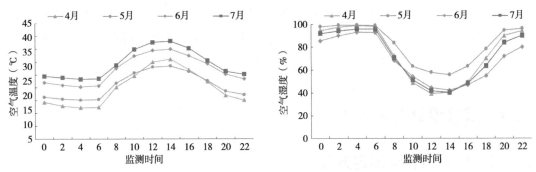

图12-1 番茄生育期空气温度、湿度日变化

12.3 设施土壤温度变化特征

土壤温度影响着植物的生长、发育和土壤中各种生物化学过程，如微生物活动所引起的生化过程和非生化过程都与土壤温度密切相关。土壤温度受太阳辐射能、生物热和地球内热的影响，一般土壤太阳辐射能是其热量的主要来源，对于设施农田生态系统，生化活动放热（生物热）成为土壤温度差异的主要因素，土壤微生物分解有机质的过程是放热过程，释放出的热量，一部分被微生物用作进行生物同化的能量，而大部分用来提高根层土壤温度，进而促进根系生化活动和根系分泌物增加。大多数土壤微生物的活动适宜温度为15~45℃，在此温度范围内，温度越高，微生物活动能力

越强；土温过低或过高，则会抑制微生物活动，从而影响到土壤养分、有机质矿化和相应酶促过程，进而影响土壤养分的生物有效性。

12.3.1 根际、非根际土壤温度变化特征

12.3.1.1 相同处理根际、非根际土壤温度变化特征分析

图12-2为番茄全生育期不同处理根际、非根际土壤温度动态变化。番茄根际土壤温度略高于非根际土壤。ReN1、ReN2、ReN3、ReN4和CK处理，番茄全生育期根际土壤温度均值分别为22.59℃、22.47℃、22.32℃、22.23℃、21.32℃；非根际土壤温度均值分别为22.46℃、22.18℃、22.20℃、22.12℃、21.28℃；相同处理番茄全生育期根际土壤平均温度分别较非根际土壤温度高0.13℃、0.29℃、0.12℃、0.11℃、0.04℃。

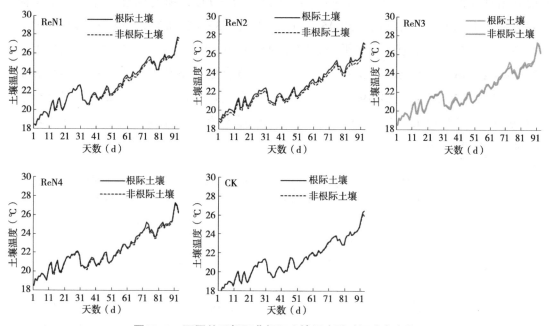

图12-2 不同处理根际非根际土壤温度随时间动态变化

12.3.1.2 不同处理根际、非根际土壤温度变化特征分析

图12-3为不同处理根际、非根际土壤温度随时间变化对比。根际土壤温度变化结果表明，ReN1、ReN2、ReN3、ReN4处理，土壤温度高于CK处理，分别较对照处理提高了5.96%、5.37%、4.69%、4.27%；非根际土壤温度变化结果与根际土壤一致，即ReN1、ReN2、ReN3、ReN4处理较CK处理，分别提高了5.57%、4.24%、4.36%、3.96%，表明再生水灌溉处理促进了土壤微生物活动，进而提高了根层土壤温度。

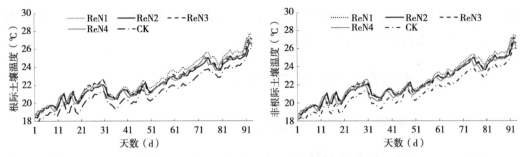

图12-3 不同处理根际、非根际土壤温度随时间动态变化

12.3.2 土壤温度日变化特征

图12-4至图12-8不同处理不同月份根际、非根际土壤温度日变化特征。所有处理根际、非根际土壤温度日动态变化表明，土壤温度变化趋势呈"抛物线"分布，波峰出现在20—22时、波谷出现在10—12时。4—7月，所有处理根际土壤平均温度分别介于18.92~20.11℃、20.45~21.61℃、22.33~24.02℃、24.59~26.21℃；4—7月，所有处理非根际土壤平均温度分别介于19.90~19.84℃、20.40~21.52℃、22.29~23.66℃、24.50~25.83℃。4—7月，所有处理番茄根际土壤平均温度分别为19.69℃、21.30℃、23.39℃、25.57℃，所有处理番茄非根际土壤平均温度分别为19.60℃、21.13℃、23.15℃、25.35℃，根际土壤平均温度分别较非根际土壤高0.09℃、0.17℃、0.24℃、0.22℃。

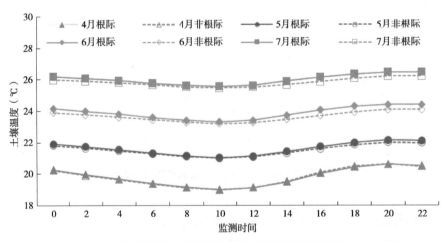

图12-4 ReN1处理根际、非根际土壤温度随时间动态变化（4—7月）

图12-9为番茄全生育期内根际、非根际土壤平均温度随月份动态变化特征。图12-10为番茄全生育期内根际、非根际土壤温度回归分析。番茄全生育期内，根际和非根际土壤平均温度随月份（4—7月）逐渐增加，且根际和非根际土壤平均温度与月份线性拟合方程的决定系数（r^2）均超过0.994；番茄全生育期内，根际土壤温度

与非根际土壤温度回归分析表明，根际土壤温度与非根际土壤温度具有显著正相关（$r^2=0.999$）。

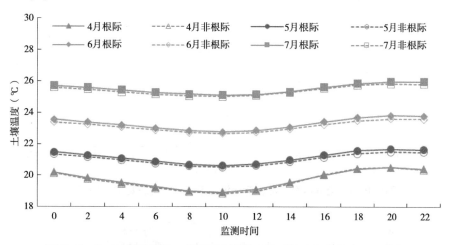

图12-5　ReN2处理根际、非根际土壤温度随时间动态变化（4—7月）

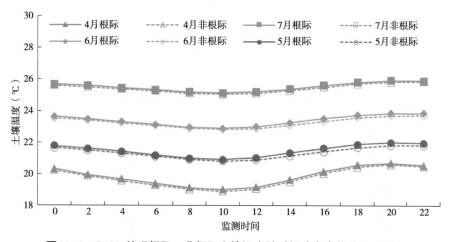

图12-6　ReN3处理根际、非根际土壤温度随时间动态变化（4—7月）

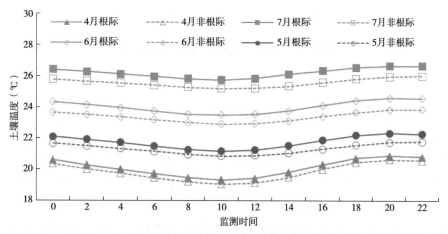

图12-7　ReN4处理根际、非根际土壤温度随时间动态变化（4—7月）

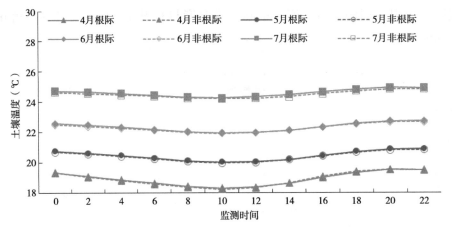

图12-8 CK处理根际、非根际土壤温度随时间动态变化（4—7月）

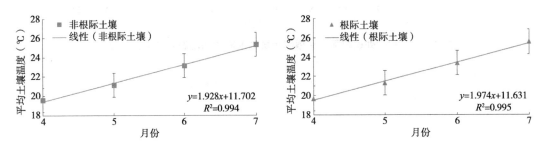

图12-9 根际、非根际土壤平均温度随月份回归分析

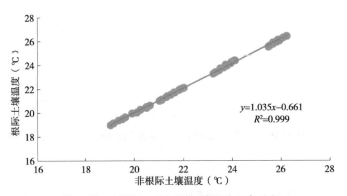

图12-10 根际、非根际土壤温度回归分析

12.4 土壤酸碱度周年变化特征分析

图12-11为不同土层土壤pH值随灌溉年限的变化。所有处理土壤pH值随土层深度增加有增加趋势，灌溉3年后，0～10cm、10～20cm、20～30cm、30～40cm、40～60cm土层土壤pH值分别达到8.289、8.560、8.776、8.901、8.907，0～10cm、10～20cm、20～30cm土层土壤pH值较背景值分别降低了0.017个单位、0.101个单

位、0.051个单位，但30~40cm、40~60cm土层土壤pH值较背景值分别增加了0.027个单位、0.075个单位。各处理0~60cm土层土壤平均pH值背景值为8.70；灌溉3年后，ReN1、ReN2、ReN3、ReN4、CK处理，0~60cm土层土壤平均pH值分别为8.65、8.63、8.56、8.53和8.60，分别较背景值降低了0.65%、0.78%、1.61%、1.93%、1.11%。与CK处理相比，再生水灌溉对不同土层土壤pH值影响并不明显（$P<0.05$）。值得注意的是，土壤酸碱性不仅直接影响作物的生长，而且与土壤中元素的转化和释放，以及微量元素的有效性等都有密切关系，再生水灌溉引起土壤pH值轻微下降，即土壤轻微酸化可能降低肥效，甚至作物减产。

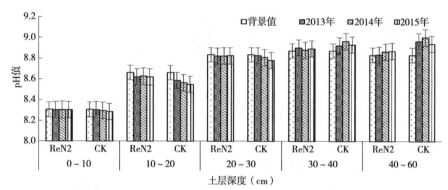

图12-11　不同灌水处理不同土层土壤pH值随灌溉年限变化

土壤pH值与灌溉年限、灌水水质耦合模型可近似表达为：

$$pH = a + bW + cI + dWI + c'I^2$$

式中，pH值为土壤酸碱度；I为灌溉年限（年）；W为灌水水质；a、b、c、d、c'为经验常数。

经验常数取值详见表12-1，不同土层土壤pH值与灌水水质、灌溉年限的模拟结果详见图12-12。模拟的结果表明，土壤pH值与灌溉年限、灌水水质的相关性系数均大于0.84，构建的数学模型均方根误差小于0.04。特别是常规氮肥追施清水灌溉、0~20cm土层土壤pH值与灌溉年限呈线性负相关，即随灌溉年限增加，0~20cm土层土壤pH值降幅明显；而常规氮肥追施再生水灌溉、0~60cm土层土壤pH值与灌溉年限呈曲线相关，这可能主要是因为再生水中溶解性有机质的输入，提高了土壤缓冲性能。

表12-1　不同再生水灌溉年限土壤pH值耦合模型参数取值

参数	a	b	c	d	c'	R^2	RMSE
0~10cm	8.291	0.010	0.010	−0.007	−0.000 8	0.92	0.003
10~20cm	8.702	−0.048	0.019	−0.024	0.012	0.96	0.012

（续表）

参数	a	b	c	d	c'	R^2	RMSE
20~30cm	8.808	0.013	0.025	−0.016	−0.000 1	0.93	0.007
30~40cm	8.828	0.046	−0.01	0.018	−0.012	0.84	0.019
40~60cm	8.664	0.112	0.030	0.022	−0.024	0.84	0.041

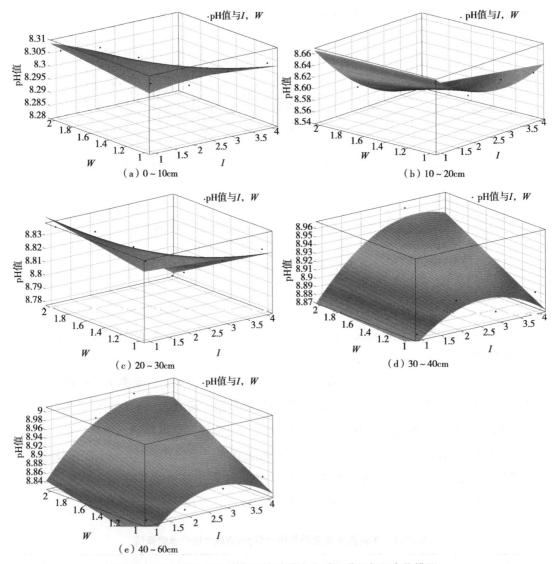

图12-12　不同土层土壤pH值随灌水水质和灌溉年限变化模拟

注：不同土层土壤pH值与灌水水质和灌溉年限模拟结果；X坐标、Y坐标、Z坐标分别代表灌水水质、灌溉年限、土壤pH值。

12.5　土壤含盐量周年变化特征分析

图12-13为不同土层土壤EC随灌溉年限的变化。灌溉3年后，0～10cm、10～20cm、20～30cm、30～40cm、40～60cm土层土壤EC分别达到0.187%、0.096%、0.091%、0.085%、0.084%，0～10cm、10～20cm土层土壤EC较背景值分别降低了0.040%、0.015%，但20～30cm、30～40cm、40～60cm土层土壤EC较背景值分别增加了0.006%、0.006%、0.007%。各处理0～60cm土层土壤EC背景值介于0.219%～0.077%。灌水3年后，番茄收获后0～10cm、10～20cm、20～30cm、30～40cm、40～60cm土层土壤含盐量，ReN1处理分别较2013年增加−11.12%、−12.90%、6.54%、10.13%、26.59%，ReN2处理分别较2013年增加−15.55%、−16.32%、4.44%、3.69%、3.26%，ReN3处理分别较2013年增加−11.16%、−7.39%、6.61%、2.47%、2.77%，ReN4处理分别较2013年增加−10.49%、−8.74%、27.22%、14.60%、20.31%，CK处理分别较2013年增加−23.72%、−25.61%、−8.78%、−15.52%、−5.90%。

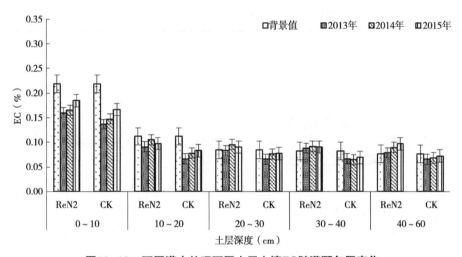

图12-13　不同灌水处理不同土层土壤EC随灌溉年限变化

与CK处理土壤剖面相比，再生水灌溉处理导致盐分在0～60cm土层积累，ReN1、ReN2、ReN3、ReN4处理，0～60cm土层土壤EC均值分别较CK处理增加了21.49%、13.28%、17.55%、26.67%。由此可见，再生水灌溉导致0～60cm耕层土壤出现不同程度的盐分累积，主要是因为设施农田土壤在大气蒸发力作用下，下层土壤盐分被带到表层土壤，导致表层土壤盐分"积聚"，这可能引起设施土壤次生盐渍化和土壤退化。

土壤EC与灌溉年限、灌水水质耦合模型可近似表达为：

$$EC=e+fW+iI+jWI+i'I^2$$

式中，EC为土壤含盐量（%）；I为灌溉年限（年）；W为灌水水质；e、f、i、j、i'为经验参数。

经验常数取值详见表12-2。不同土层土壤EC随灌水水质和灌溉年限变化见图12-14。模拟的结果表明，20cm以上土层土壤EC与灌溉年限呈抛物线相关，而20cm以下土层土壤近似指数相关。

表12-2　不同再生水灌溉年限土壤EC耦合模型参数取值

参数	e	f	i	j	i'	R^2	RMSE
0~10cm	0.322	−0.118	−0.002	−0.005	0.023	0.92	0.013
10~20cm	0.153	−0.038	−0.004	−0.005	0.008	0.73	0.013
20~30cm	0.094	−0.004	−0.002	−0.004	0.002	0.67	0.008
30~40cm	0.088	0.003	0.000 5	−0.007	0.002	0.90	0.005
40~60cm	0.074	0.004	0.006	−0.008	0.002	0.96	0.003

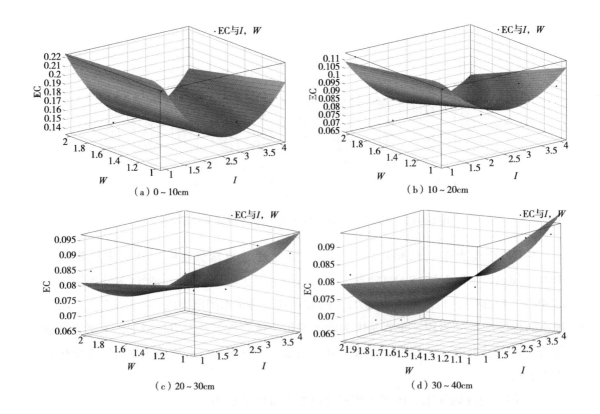

（a）0~10cm　　　　　（b）10~20cm

（c）20~30cm　　　　　（d）30~40cm

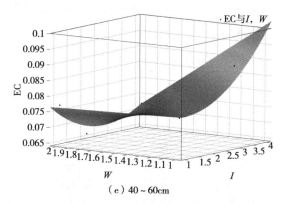

图12-14　不同土层土壤EC随灌水水质和灌溉年限变化

注：不同土层土壤EC与灌水水质和灌溉年限模拟结果；X坐标、Y坐标、Z坐标分别代表灌水水质、灌溉年限、土壤EC。

12.6　土壤有机质周年变化特征分析

12.6.1　不同土层土壤有机质动态变化特征分析

土壤有机质含量不仅是土壤肥力的重要指标，也是重要的碳库，全球土壤有机碳库约为1 500Pg，是大气碳库的2倍，土壤有机碳库较小幅度的波动，将导致大气中CO_2浓度较大幅度的变动，进而影响全球气候变化，农田具有大气CO_2源和库的双重潜力，历史上由于人类对农田的过度开垦和耕种，造成土壤有机质含量大幅度下降，降低了农田的作物产量潜力；同时导致大量的碳以CO_2形式由陆地生态系统排放到大气圈，加剧了全球温室效应；同时，有机质除提高土壤缓冲性能、改善土壤团粒结构、保水保肥等诸多作用外，土壤有机质中还含有植物需要的多种矿质营养和微量元素，是氮素赋存的主要场所，土壤表层中80%～97%的氮以有机态存在于有机质之中。已有研究结果表明，灌溉、施肥、耕作措施等农田管理方式能够显著影响土壤有机碳库，而有机肥料的施用、秸秆还田、免耕以及弃耕农田还林还草等保护性管理措施则能够提高农田土壤有机质含量，起到大气碳汇的作用。施肥主要通过两条途径影响土壤有机碳库含量及动态，一是增加土壤中残茬和根的输入；二是影响土壤微生物的数量和活性，进而影响土壤有机质（OM）生物降解过程。再生水灌溉增加了0.05～1mm颗粒态有机质含量，颗粒态有机质（POM）属于活性较高的有机碳库，随着再生水灌溉年限的增长，土壤有机质含量显著提高。

图12-15为不同土层土壤有机质（OM）随灌溉年限的变化。不同土层土壤OM含量背景值介于0.16%～1.34%，土壤OM含量随土层深度的增加逐渐减小。与CK处理相

比，灌溉3年后，再生水灌溉处理提高了0~60cm土层土壤OM含量，ReN1、ReN2、ReN3、ReN4处理，0~60cm土层土壤平均OM含量分别增加了0.62%、0.89%、0.61%、0.39%。特别是与土壤OM含量背景值相比，10~40cm土层土壤OM有机质含量增幅介于0.83%~2.75%。

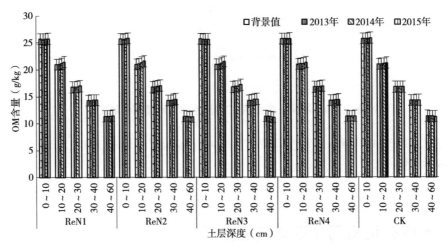

图12-15　不同灌水处理不同土层土壤OM值随灌溉年限变化

12.6.2　土壤有机质含量随灌溉周期变化特征分析

图12-16为0~60cm土层土壤OM均值随灌溉周期的变化。5个灌溉周期后，ReN1、ReN2、ReN3、ReN4、CK处理，0~60cm土层土壤OM均值分别较背景值增加了1.01%、1.28%、1.00%、0.78%、0.38%；同时，与CK处理相比，ReN1、ReN2、ReN3、ReN4处理0~60cm土层土壤OM均值分别提高了0.63%、0.89%、0.61%、0.39%。

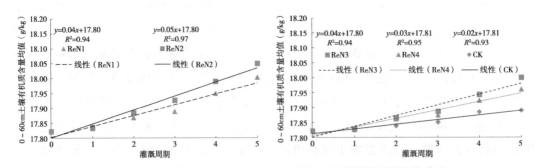

图12-16　不同灌水处理0~60cm土层土壤OM含量随灌溉周期的变化

所有灌溉处理0~60cm土层土壤OM含量均值与灌溉周期均符合线性方程，拟合曲线分别如下：

ReN1处理：$OM_{mean}=0.04I_{season}+17.80$　$R^2=0.94$

ReN2处理：$OM_{mean}=0.05I_{season}+17.80$　$R^2=0.97$

ReN3处理：$OM_{mean}=0.04I_{season}+17.80$　$R^2=0.94$

ReN4处理：$OM_{mean}=0.03I_{season}+17.81$　$R^2=0.95$

CK处理：$OM_{mean}=0.02I_{season}+17.81$　　$R^2=0.93$

式中，OM_{mean}为0~60cm土层土壤OM均值；I_{season}为灌溉周期，每种作物完整全生育期为一灌溉周期。

不同处理0~60cm土层土壤OM含量均值与灌溉周期回归分析表明，再生水灌溉处理可以提高土壤OM含量，尤其是ReN2处理土壤OM含量随灌溉周期的增加最为明显。

12.7　典型重金属镉、铬周年变化特征分析

图12-17为不同土层土壤镉含量随灌溉年限的变化。2013年，0~60cm土层土壤平均镉含量背景值为0.204 9mg/kg；灌溉3年后，ReN1、ReN2、ReN3、ReN4、CK处理，0~60cm土层土壤平均镉含量分别为0.190 0mg/kg、0.201 9mg/kg、0.208 2mg/kg、0.209 6mg/kg和0.207 0mg/kg，分别较背景值增加了−7.29%、−1.45%、1.60%、2.30%、1.03%。与CK处理相比，再生水灌溉对不同土层土壤镉含量影响并不明显（$P<0.05$）。

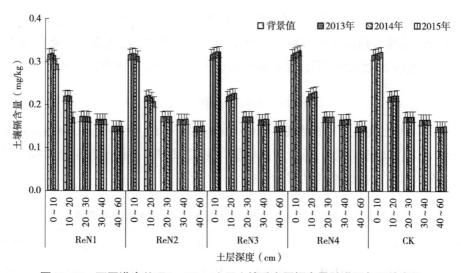

图12-17　不同灌水处理0~60cm土层土壤重金属镉含量随灌溉年限的变化

图12-18为不同土层土壤铬含量随灌溉年限的变化。2013年，0~60cm土层土壤平均铬含量背景值为50.20mg/kg；灌溉3年后，ReN1、ReN2、ReN3、

ReN4、CK处理，0～60cm土层土壤平均铬含量分别为49.19mg/kg、49.66mg/kg、50.21mg/kg、50.23mg/kg和50.21mg/kg，分别较背景值增加了−2.01%、−1.07%、0.03%、0.06%、0.03%。与CK处理相比，再生水灌溉对不同土层土壤铬含量影响并不明显（$P<0.05$）。

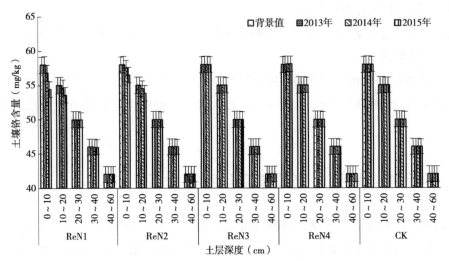

图12-18　不同灌水处理0～60cm土层土壤重金属铬含量随灌溉年限的变化

2015年，ReN1、ReN2、ReN3、ReN4、CK处理，0～20cm土层土壤平均镉含量分别较背景值增加了−13.60%、−3.17%、2.61%、3.91%、1.58%，而0～20cm土层土壤平均铬含量分别较背景值增加了−4.41%、−2.37%、0.05%、0.13%、0.06%；ReN1和ReN2处理表层土壤镉、铬均表现为降低趋势，这可能主要因为上壤pH值降低增加了土壤重金属活性，提高作物对镉、铬的吸收，从而增加土壤重金属污染食品风险。

土壤重金属Cd与灌溉年限、灌水水质耦合模型可近似表达为：

$$Cd=a+bW+cI+dWI+c_1I^2$$

式中，Cd为土壤重金属镉含量（mg/kg）；I为灌溉年限（年）；W为灌水水质；a、b、c、d、c_1—经验常数。经验常数取值详见表12-3。不同土层重金属镉含量与灌溉年限、灌水水质模拟结果详见图12-19。

表12-3　不同再生水灌溉年限土壤重金属镉耦合模型参数取值

参数	a	b	c	d	c_1	R^2	RMSE
0～10cm	0.330	−0.003	−0.014	0.009	−0.003	0.89	0.005
10～20cm	0.240	0.001	−0.026	0.016	−0.006	0.81	0.012
20～30cm	0.172	−0.000 4	−0.000 5	0.000 4	0	0.87	0

（续表）

参数	a	b	c	d	c_1	R^2	RMSE
30～40cm	0.167	−0.001	−0.000 5	0.000 3	0.000 1	0.80	0.000 2
40～60cm	0.152	−0.000 9	−0.001	0.000 6	0	0.70	0.000 4

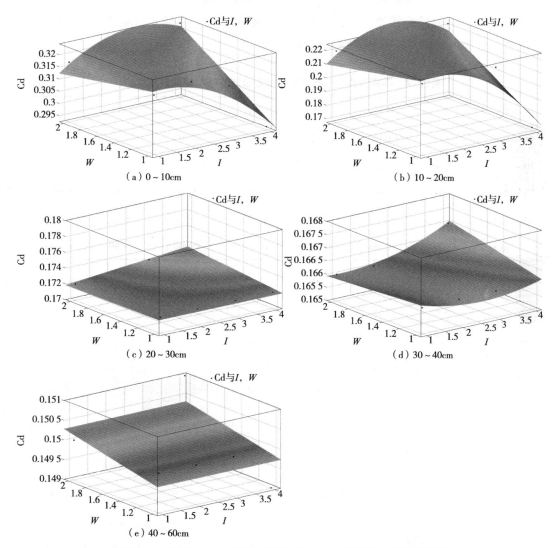

图12-19 不同土层土壤重金属镉随灌水水质和灌溉年限变化模拟

注：不同土层土壤镉含量（Cd）与灌水水质（W）和灌溉年限（I）模拟结果；X坐标、Y坐标、Z坐标分别代表W、I、Cd。

模拟的结果表明，30cm以上土层土壤重金属镉含量有降低趋势，特别是再生水灌溉处理随灌溉年限增加降幅明显，30cm以下土层土壤重金属镉含量有小幅增加趋势，预测38年后，土壤重金属镉含量将达到0.30mg/kg［《土壤环境质量 农用地土壤污染风险管控标准（试行）》（GB 15618—2018）］限值。

土壤重金属Cr与灌溉年限、灌水水质耦合模型可近似表达为：

$$Cr=a'+b'W+c'I+d'WI+c_1'I^2$$

式中，Cr为土壤重金属铬含量（mg/kg）；I为灌溉年限（年）；W为灌水水质；a、b、c、d、c'_1为经验常数。经验常数取值详见表12-4。不同土层重金属铬含量与灌溉年限、灌水水质模拟结果详见图12-20。

表12-4 不同再生水灌溉年限土壤重金属铬耦合模型参数取值

参数	a'	b'	c'	d'	c_1'	R^2	RMSE
0~10cm	60.11	−0.908	−1.82	1.217	−0.301	0.94	0.49
10~20cm	55.78	−0.295	−0.702	0.462	−0.125	0.92	0.21
20~30cm	50.03	−0.007	−0.030	0.019	−0.006	0.88	0.01
30~40cm	46.01	−0.004	−0.004	0.003	−0.000 2	0.93	0.001
40~60cm	42.00	−0.001	−0.000 5	0.000 3	0.000 1	0.80	0.000 2

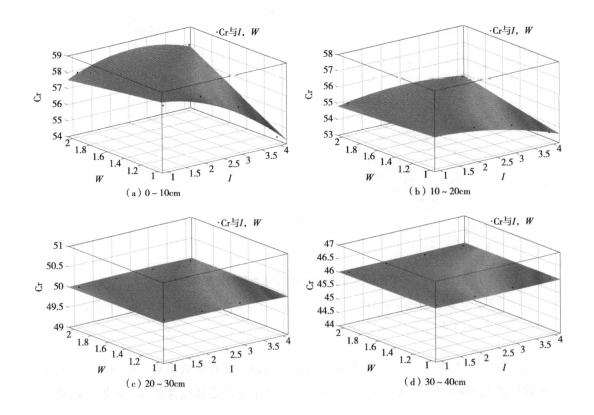

（a）0~10cm　　（b）10~20cm

（c）20~30cm　　（d）30~40cm

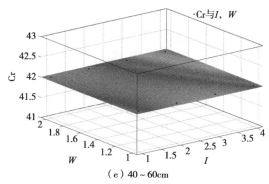

图12-20 不同土层土壤重金属铬随灌水水质和灌溉年限变化模拟

注：不同土层土壤铬含量（Cr）与灌水水质（W）和灌溉年限（I）模拟结果；X坐标、Y坐标、Z坐标分别代表W、I、Cr。

模拟的结果表明，20cm以上土层土壤重金属铬含量有降低趋势，特别是再生水灌溉处理随灌溉年限增加降幅明显，与土壤重金属镉模拟结果一致；20～40cm土层土壤重金属铬含量基本稳定；40～60cm土层土壤重金属铬含量有小幅增加趋势，预测1265年后，土壤重金属铬含量将达到土壤环境质量标准二级限值（200mg/kg）。

土壤重金属Cd与灌溉年限、氮肥追施量耦合模型可近似表达为：

$$Cd=e+fF+gI+hFI+f_1F^2+g_1I^2$$

式中，Cd为土壤重金属镉含量（mg/kg）；I为灌溉年限（年）；F为氮肥追施量（mg/hm²）；e、f、g、h、f₁、g₁为经验常数。经验常数取值详见表12-5，不同土层重金属镉含量与灌溉年限、氮肥追施量模拟结果详见图12-21。

表12-5 不同氮肥追施和再生水灌溉年限土壤重金属镉耦合模型参数取值

参数	e	f	g	h	f_1	g_1	R^2	RMSE
0～10cm	0.263	0.000 3	0.026	0	0	−0.002	0.86	0.003
10～20cm	0.135	0.000 5	0.047	−0.000 1	0	−0.004	0.78	0.008
20～30cm	0.169	0	0.001	0	0	−0.000 1	0.79	0.000 2
30～40cm	0.164	0	0.000 5	0	0	0	0.77	0.000 2
40～60cm	0.146	0	0.001	0	0	0	0.70	0.000 3

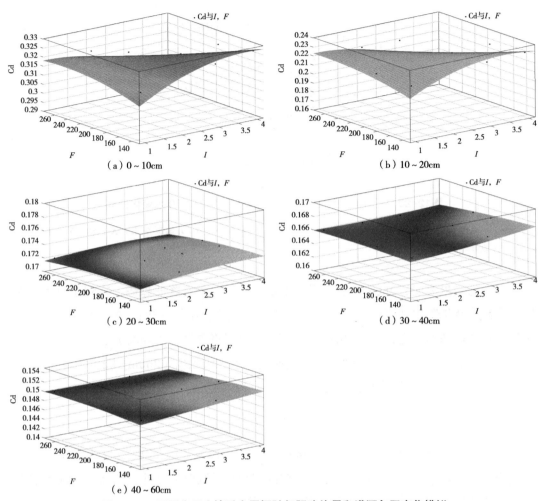

图12-21 不同土层土壤重金属镉随氮肥追施量和灌溉年限变化模拟

注：不同土层土壤镉含量（Cd）与施氮量（F）和灌溉年限（I）模拟结果；X坐标、Y坐标、Z坐标分别代表F、I、Cd。

模拟的结果表明，20cm以上土层土壤重金属镉含量与灌溉年限、氮肥追施量均呈曲线相关（开口向下），特别是氮肥追施量越高，表层土壤重金属镉含量随灌溉年限增加降幅明显；20cm以下土层土壤重金属镉含量随灌溉年限增加有小幅增加趋势。

土壤重金属Cr与灌溉年限、氮肥追施量耦合模型可近似表达为：

$$Cr = e' + f'F + g'I + h'FI + f'_1F^2 + g'_1I^2$$

式中，Cr为土壤重金属铬含量（mg/kg）；I为灌溉年限（年）；F为氮肥追施量（mg/hm²）；e'、f'、g'、h'、f'_1、g'_1为经验常数。经验常数取值详见表12-6，不同土层重金属铬含量与灌溉年限、氮肥追施量模拟结果详见图12-22。

表12-6 不同氮肥追施和再生水灌溉年限土壤重金属铬耦合模型参数取值

参数	e'	f'	g'	h'	f_1'	g_1'	R^2	RMSE
0~10cm	51.67	0.046	2.604	−0.010	0	−0.218	0.87	0.43
10~20cm	53.49	0.007	1.120	−0.004	0	−0.107	0.78	0.26
20~30cm	49.87	0.001	0.039	−0.000 1	0	−0.003	0.70	0.01
30~40cm	45.97	0.000 2	0.005	0	0	−0.000 2	0.76	0.002
40~60cm	42.00	0	0.000 2	0	0	0	0.61	0.000 2

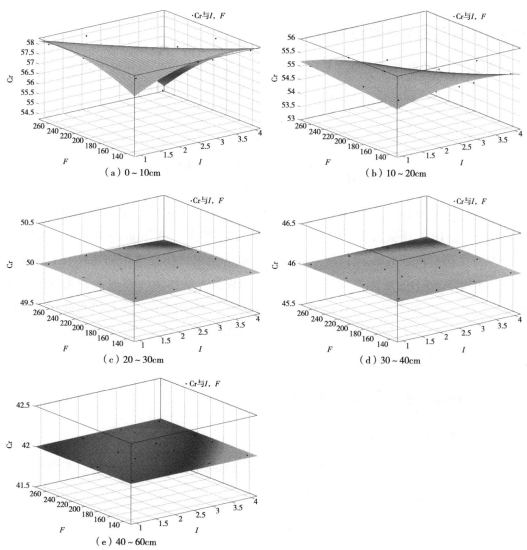

图12-22 不同土层土壤重金属铬随氮肥追施量和灌溉年限变化模拟

注：不同土层土壤铬含量（Cr）与施氮量（F）和灌溉年限（I）模拟结果；X坐标、Y坐标、Z坐标分别代表F、I、Cr。

12.8　再生水灌溉设施土壤生境健康风险评估

环境健康风险评价包括4个基本步骤，一是危害鉴定，即明确所评价的污染要素的健康终点；二是剂量—反应关系，即明确暴露和健康效应之间的关系；三是暴露评价，包括人体接触的环境介质中污染物的浓度，以及人体与其接触的行为方式和特征，即暴露参数；四是风险表征，即综合分析剂量—反应和暴露评价的结果，得出风险值。目前国内外的健康风险评价方法主要分为化学致癌物风险评价模型和化学非致癌物风险评价模型两大类。依据国际通用的暴露剂量估算模型（USEPA），将致癌风险暴露途径划分为经口食、经皮肤和经土壤摄入暴露3种途径。

12.8.1　暴露剂量估算模型

经口食、经皮肤和经土壤等暴露途径下，暴露剂量估算模型详见下式：

经口食摄入暴露途径：$\text{ADD}_v = \dfrac{\text{CV} \times \text{CF} \times \text{IR} \times \text{FI} \times \text{EF} \times \text{ED}}{\text{BW} \times \text{AT}}$

经皮肤摄入暴露途径：$\text{ADD}_{sk} = \dfrac{\text{CS} \times \text{AF} \times \text{SA} \times \text{ABS} \times \text{EF} \times \text{ED} \times \text{CF}}{\text{BW} \times \text{AT}}$

经土壤摄入暴露途径：$\text{ADD}_{sl} = \dfrac{\text{CS} \times \text{IR}' \times \text{CF} \times \text{FI} \times \text{EF} \times \text{ED}}{\text{BW} \times \text{AT}}$

式中，CV为蔬菜中污染物浓度（mg/kg）；CS为土壤中化学物质浓度（mg/kg）；IR为日摄入量（kg/d）；CF为转换因子（10^{-6}mg/kg）；FI为被摄入污染源的比例，范围为0~1，按照风险不确定性原则，研究选取FI为1；EF为暴露频率（d/年）；ED为暴露持续时间（年）；BW为人均体重（按成人和儿童分开计算）（kg）；AT为平均接触时间（d）；AF为皮肤黏附因子，成人和儿童分别计算（mg/cm²）；SA为皮肤接触面积（cm²/d）；ABS为皮肤对化学物质的吸收因子，取0.001；IR′为摄取率（mg/d）。

12.8.2　暴露剂量估算模型的风险表征

12.8.2.1　致癌风险的表征

关于致癌风险的评判标准，欧美等一些国家风险阈值存在量级差异，本研究选取最严格的阈值标准1.0×10^{-6}作为判别标准。

$$R_{\text{cancer}} = \sum_k \left[1 - \exp\left(\text{ADI}_k \times \text{CSF}_k \right) \right] \approx \sum_k \text{ADI}_k \times \text{CSF}_k$$

式中，ADI_k为经由暴露途径k的每日平均暴露量［mg/（kg·d）］；CSF_k为暴露途径k的致癌斜率因子［（kg·d）/mg］。

12.8.2.2 非致癌风险的表征

对于非致癌效应表征采用参考剂量（Reference dose，RfD），参考剂量是估计人类族群每天的暴露剂量，此暴露剂量在人类族群一生之中可能不会造成可察觉到有害健康的风险，其计算公式如下：

$$HI_i = HQ_v + HQ_{sk} + HQ_{sl} = \left(\frac{ADD_v}{RfD_v}\right) + \left(\frac{ADD_{sk}}{RfD_{sk}}\right) + \left(\frac{ADD_{sl}}{RfD_{sl}}\right)$$

式中，HI_i为第i种污染物的非致癌污染指数；HQ_v为经口食摄入暴露途径的非致癌风险商数；HQ_{sk}为经皮肤接触摄入暴露途径的非致癌风险商数；HQ_{sl}为经土壤摄入暴露途径的非致癌风险商数；ADD为某一非致癌物在某种暴露途径下的暴露剂量；RfD为某一非致癌物在某种暴露途径下的参考剂量。

当HI和HQ小于1时，认为风险较小或可以忽略，反之，当HI和HQ大于1时，则认为存在潜在风险。

12.8.3 参数选取

Cd、Cr、pH值和EC 4种典型污染物不同暴露途径的参考剂量值、致癌强度系数值及本研究暴露评估中选取的模型参数详见表12-7、表12-8。参考《土壤环境质量 农用地土壤污染风险管控标准（试行）》（GB 15618—2018），Cd和Cr的二级标准值分别为0.60mg/kg、250mg/kg。为了评价环境重金属富集程度，采用地累积指数法定量评估重金属污染程度，计算如下：

$$I_{geo} = \log_2\left[\frac{c_i}{kB_i}\right]$$

式中，c_i为污染物i的实测含量（mg/kg）；B_i为污染物i的地球化学背景值（mg/kg）；k为修正成岩作用引起的背景值波动而设定的系数，一般取值1.5。地累积指数与重金属污染程度分级详见表12-9。

表12-7 污染物的参考剂量和致癌强度参数 mg/（kg·d）

污染物	口食摄入剂量	皮肤摄入剂量	致癌强度系数	参考来源
Cd	1.0×10^{-3}	1.30×10^{-4}	6.1	
Cr	1.5×10^{-3}	1.95×10^{-4}	41	中国人群暴露参数手
pH值	1.0×10^{-2}	5.00×10^{-3}	100	册、美国环保部等文献
EC	1.5×10^{-2}	8.00×10^{-3}	100	

表12-8 暴露评估模型参数

参数	暴露参数	参考值	参考来源
CV（mg/kg）	食物中污染物浓度	CV_{Cd}=0.046 CV_{Cr}=0.082 CV_{pH}=9.0 CV_{EC}=1.5	
CS（mg/kg）	土壤中污染物浓度	CS_{Cd}=0.522 CV_{Cr}=50.20 CV_{pH}=8.62 CV_{EC}=1.54	实测
IR（kg/d）	食物摄入率	IR_{adult}=0.276 2 IR_{child}=0.221 0	
EF（d/年）	暴露频率	200	
ED（年）	暴露持续时间	ED_{adult}=7.4，ED_{child}=6	
BW（kg）	人均体重	BW_{adult}=60.6，BW_{child}=18.0	
AT（d）	平均接触时间	致癌计算：AT_{adult}=74×365，AT_{child}=6×365 非致癌计算：EF×ED	
SA（cm²/d）	皮肤接触面积	SA_{adult}=57，SA_{child}=2 800	
AF（mg/cm²）	皮肤黏附因子	AF_{adult}=0.07，AF_{child}=0.2	
CF（mg/kg）	转换因子	10^{-6}	
ABS	皮肤对化学物质的吸收因子	0.001	
IR′（mg/d）	摄取率	IR'_{adult}=100，IR'_{child}=200	
FI	被摄入污染源的比例	1	取最大值

表12-9 地累积指数与重金属污染程度分级

I_{geo}	≤0	0~1	1~2	2~3	3~4	4~5	>5
级数	0	1	2	3	4	5	6
污染程度	清洁	轻度污染	偏中污染	中度污染	偏重污染	重度污染	严重污染

12.8.4 风险评估

12.8.4.1 不同输入途径环境风险因子暴露量估算

根据暴露输入途径（口食、皮肤和土壤摄入）计算公式和表12-8，结合设施土壤重金属、pH值和EC等土壤中污染物浓度水平，Cd、Cr、pH值和EC 4种风险因子经不同输入途径可能引起目标群体的重金属摄入量计算结果详见表12-10。

表12-10　不同途径的土壤限制性指标暴露剂量估算值　　　　　单位：mg/（kg/d）

输入途径	对象	Cd	Cr	pH值	EC
经口食摄入	成人	2.098×10^{-11}	3.740×10^{-11}	2.281×10^{-9}	6.842×10^{-10}
	儿童	5.652×10^{-11}	1.008×10^{-10}	6.144×10^{-9}	1.843×10^{-9}
经皮肤摄入	成人	1.289×10^{-9}	1.481×10^{-7}	2.128×10^{-8}	3.802×10^{-9}
	儿童	4.938×10^{-10}	5.676×10^{-8}	8.154×10^{-9}	1.457×10^{-9}
经土壤摄入	成人	6.378×10^{-9}	7.331×10^{-7}	1.053×10^{-7}	1.882×10^{-8}
	儿童	4.295×10^{-8}	4.936×10^{-6}	7.092×10^{-7}	1.267×10^{-7}
地累积指数法	成人和儿童	0.799	-1.170	-0.384	0.038

由表12-10可以看出，3种途径土壤限制性指标非致癌日均暴露剂量大小顺序均为经土壤摄入途径ADD_{si}>经皮肤摄入途径ADD_{sk}>经口食摄入途径ADD_v；与成人相比，儿童是易遭受限制性指标剂量暴露的人群。

12.8.4.2　设施土壤环境风险因子的健康风险评价

表12-11为国际原子能机构、国际辐射防护委员会、美国国家环保局、英国皇家学会等机构推荐的公众可接受风险水平阈值。就当前社会发展水平，以10^{-7}为可忽略的风险水平。设施土壤重金属的非致癌风险商数和致癌风险值，计算结果详见表12-12、表12-13。

表12-11　最大可接受和可忽略风险水平对应风险商数

机构名称	最大可接受风险/年	可忽略风险/年	备注
国际原子能机构	1.0×10^{-6}	1.0×10^{-7}	
国际辐射防护委员会	5.0×10^{-5}	1.0×10^{-7}	10^{-3}数量级对应风险特别高，不可接受；10^{-4}数量级对应风险中等，应采取必要措施；10^{-5}数量级对应风险，公众关心；10^{-6}数量级对应风险可接受；10^{-7}数量级以下对应风险公众不关心
美国国家环保局	1.0×10^{-4}	1.0×10^{-7}	
英国皇家学会	1.0×10^{-6}	1.0×10^{-7}	
瑞典环保局	1.0×10^{-6}	1.0×10^{-7}	
荷兰环保部	1.0×10^{-6}	1.0×10^{-8}	

表12-12 设施生境土壤限制性指标的非致癌风险商数

项目	对象	经口食摄入	经皮肤摄入	经土壤摄入	HI
HQ$_{Cd}$	成人	2.098×10^{-8}	9.914×10^{-6}	6.378×10^{-6}	1.630×10^{-5}
	儿童	5.652×10^{-8}	3.798×10^{-6}	4.295×10^{-5}	4.680×10^{-5}
HQ$_{Cr}$	成人	2.494×10^{-8}	7.597×10^{-4}	4.888×10^{-4}	1.248×10^{-3}
	儿童	6.717×10^{-8}	2.911×10^{-4}	3.291×10^{-3}	3.582×10^{-3}
HQ$_{pH}$	成人	2.281×10^{-7}	4.257×10^{-6}	1.053×10^{-5}	1.502×10^{-5}
	儿童	6.144×10^{-7}	1.631×10^{-6}	7.092×10^{-5}	7.317×10^{-5}
HQ$_{EC}$	成人	4.561×10^{-8}	4.753×10^{-7}	2.352×10^{-6}	2.873×10^{-6}
	儿童	1.229×10^{-7}	1.821×10^{-7}	1.584×10^{-5}	1.614×10^{-5}

表12-13 设施生境土壤限制性指标的致癌风险值

项目	对象	HQ$_v$	HQ$_{sk}$	HQ$_{sl}$	$\sum R$
R$_{Cd}$	成人	3.440×10^{-12}	2.113×10^{-10}	1.046×10^{-9}	1.260×10^{-9}
	儿童	9.266×10^{-12}	8.095×10^{-11}	7.041×10^{-9}	7.131×10^{-9}
R$_{Cr}$	成人	9.123×10^{-13}	3.613×10^{-9}	1.788×10^{-8}	2.150×10^{-8}
	儿童	2.458×10^{-12}	1.384×10^{-9}	1.204×10^{-7}	1.218×10^{-7}
R$_{pH}$	成人	2.281×10^{11}	2.128×10^{-10}	1.053×10^{-9}	1.289×10^{-9}
	儿童	6.144×10^{-11}	8.154×10^{-11}	7.092×10^{-9}	7.235×10^{-9}
R$_{EC}$	成人	6.842×10^{-12}	3.802×10^{-11}	1.882×10^{-10}	2.330×10^{-10}
	儿童	1.843×10^{-11}	1.457×10^{-11}	1.267×10^{-9}	1.300×10^{-9}

综上，典型设施生境土壤限制性指标的致癌风险途径主要为经土壤摄入途径和经皮肤接触途径；成人限制性指标Cd、Cr、pH值和EC总非致癌风险商数1.630×10^{-5}、1.248×10^{-3}、1.502×10^{-5}、2.873×10^{-6}，儿童限制性指标Cd、Cr、pH值和EC总非致癌风险商数4.680×10^{-5}、3.582×10^{-3}、7.317×10^{-5}、1.614×10^{-5}，限制性指标总非致癌风险商数均小于1，依次为HQ$_{Cr}$>HQ$_{pH}$>HQ$_{Cd}$>HQ$_{EC}$，对人体基本不会造成非致癌健康危害，但儿童作为敏感群体，其非致癌风险商数接近于1；成人限制性指标Cd、Cr、pH值和EC总致癌风险分别为1.260×10^{-9}、2.150×10^{-8}、1.289×10^{-9}、2.330×10^{-10}，儿童限制性指标Cd、Cr、pH值和EC总致癌风险分别为7.131×10^{-9}、1.218×10^{-7}、7.235×10^{-9}、1.300×10^{-9}，对于成人和儿童群体接近国际认可的致癌风险限

值1.0×10^{-6}，分别达到2.150×10^{-8}和1.218×10^{-7}。

12.9   本章小结

通过2013—2015年田间再生水灌溉对设施生境监测试验，主要研究结论如下

（1）番茄全生育期内（4—7月），根际和非根际土壤平均温度随月份逐渐增加，根际土壤温度与非根际土壤温度具有显著正相关关系（$R^2=0.999$）；所有处理根际温度均高于非根际土壤温度，ReN1、ReN2、ReN3、ReN4和CK处理番茄全生育期根际土壤平均温度分别较非根际土壤温度高0.13℃、0.29℃、0.12℃、0.11℃、0.04℃；尤其是再生水灌溉处理番茄全生育期根际、非根际土壤平均温度分别较CK处理提高了5.07%、4.53%。土壤温度日变化表现出明显的滞后效应，土壤温度11时最低，到21时达到最高，之后又逐渐降低。

（2）土壤pH值是反映土壤缓冲性能的重要指标之一，土壤酸碱性不仅直接影响作物的生长，而且与土壤中元素的转化和释放，以及微量元素的有效性等都有密切关系。再生水灌溉3年后，0～30cm土层土壤pH值较背景值降低了0.057个单位，但30～60cm土层土壤pH值较背景值增加了0.051个单位；与CK处理相比，ReN1处理表层土壤pH值下降更为明显，其中2015年番茄收获后ReN1处理0～10cm、10～20cm土层土壤pH值降低单位为CK处理的2.17倍、1.45倍。运用多元回归分析方法，构建了土壤pH值与灌溉年限、灌水水质的耦合模型，不同土层土壤描述三者关系的耦合模型相关系数均大于0.84，模拟结果表明，随再生水灌溉年限增加，0～60cm土层土壤pH值呈先增加后降低趋势，再生水灌溉可以提高土壤缓冲性能。

（3）与0～60cm土层土壤EC背景值相比，灌水3年后，0～10cm、10～20cm土层土壤EC显著降低，但20～30cm、30～40cm、40～60cm土层土壤积盐明显（$P<0.05$）；与CK处理相比，ReN1、ReN2、ReN3、ReN4处理，0～60cm土层土壤EC均值分别较CK处理增加了21.49%、13.28%、17.55%、26.67%，0～60cm耕层土壤"积盐"可能会抑制番茄植株生长，特别是在番茄苗期造成植株生理缺水凋萎。构建的不同土层土壤EC与灌溉年限、灌水水质耦合模型的相关系数均大于0.90（10～20cm、20～30cm土层除外），模拟结果表明，随再生水灌溉年限增加，30cm以下土层土壤EC增加明显。

（4）所有处理0～60cm土层土壤OM含量随土层深度增加逐渐减小；再生水灌溉提高了0～60cm土层土壤OM含量，与CK处理相比，灌溉3年后，ReN1、ReN2、ReN3、ReN4处理0～60cm土层土壤平均OM含量分别增加了0.62%、0.89%、0.61%、0.39%；0～60cm土层土壤OM含量与灌溉周期回归分析表明，0～60cm土层土壤OM含量与灌溉周期呈显著正相关（$R^2>0.93$）。上述结果表明，再生水灌溉提高了根层土壤

缓冲性能和土壤质量。

（5）灌水3年后，ReN1、ReN2、ReN3、ReN4、CK处理，0～60cm土层土壤镉含量分别较背景值增加了-14.29%、-1.45%、1.60%、2.30%、1.03%，而0～60cm土层土壤铬含量分别较背景值增加了-2.01%、-1.07%、0.03%、0.06%、0.03%；表明再生水灌溉一定程度上提高土壤重金属镉、铬活性，增加土壤重金属向植株体的迁移累积。构建的不同土层土壤镉、铬与灌溉年限、灌水水质耦合模型的相关系数均大于0.80（40～60cm土层除外），模拟结果表明，再生水灌溉处理，30cm以上土层土壤重金属镉、铬含量随灌溉年限增加降幅明显，40cm以下土层土壤重金属镉、铬含量有小幅增加趋势，预测土壤重金属镉、铬含量达到土壤环境质量标准二级限值（0.30mg/kg、200mg/kg）分别需要38年和1 256年，而清水灌溉则分别需要36年和1 253年；构建的不同土层土壤镉、铬与灌溉年限、氮肥追施量耦合模型的相关系数均大于0.70（40～60cm土层除外），模拟结果表明，再生水灌溉处理，20cm以上土层土壤重金属镉含量随灌溉年限、氮肥追施量增加有降低趋势，特别是氮肥追施量越高，表层土壤重金属镉含量随灌溉年限增加降幅尤为明显。

（6）采用暴露剂量估算模型评估再生水灌溉土壤生境健康风险，表明Cd、Cr、pH值和EC 4种设施生境土壤限制性指标的致癌风险途径主要为经土壤摄入途径和经皮肤接触途径；4种限制性指标总非致癌风险商数均小于1，依次为$HQ_{Cr}>HQ_{pH}>HQ_{Cd}>HQ_{EC}$，但儿童作为敏感群体，其非致癌风险商数达到$3.718 \times 10^{-3}$，为成人的2.90倍；4种限制性指标总致癌风险儿童和成人分别达到1.375×10^{-7}、2.428×10^{-8}，儿童作为敏感群体其总致癌风险为成人的5.66倍。

参考文献

白保勋，沈植国，2014. 生活污水灌溉对土壤微生物区系的影响[J]. 福建林业科技，41（2）：42-46.

包翔，包秀霞，刘星岑，2015. 施氮量对大兴安岭白桦次生林土壤氮矿化的影响[J]. 东北林业大学学报，43（7）：78-83.

鲍士旦，2000. 土壤农化分析[M]. 第三版. 北京：中国农业出版社.

边雪廉，赵文磊，岳中辉，等，2016. 土壤酶在农业生态系统碳、氮循环中的作用研究进展[J]. 中国农学通报，32（4）：171-178.

蔡宣梅，张秋芳，郑伟文，2004. VA菌根菌与重氮营养醋杆菌双接种对超甜玉米生长的影响[J]. 福建农业学报，19（3）：156-159.

曹靖，贾红磊，徐海燕，等，2008. 干旱区污灌农田土壤Cu、Ni复合污染与土壤酶活性的关系[J]. 农业环境科学学报，27（5）：1809-1814.

曹巧红，龚元石，2003. 应用Hydrus-1D模型模拟分析冬小麦农田水分氮素运移特征[J]. 植物营养与肥料学报，9（2）：139-145.

陈春瑜，和树庄，胡斌，等，2012. 土地利用方式对滇池流域土壤养分时空分布的影响[J]. 应用生态学报，23（10）：2677-2684.

陈宁，孙凯宁，王克安，等，2016. 不同灌溉方式对茄子栽培土壤微生物数量和土壤酶活性的影响[J]. 土壤通报，47（6）：1380-1385.

陈卫平，2011. 美国加州再生水利用经验剖析及对我国的启示[J]. 环境工程学报（5）：961-966.

陈卫平，吕斯丹，张炜铃，等，2014. 再生（污）水灌溉生态风险与可持续利用[J]. 生态学报，34（1）：163-172.

陈卫平，张炜铃，潘能，等，2012. 再生水灌溉利用的生态风险研究进展[J]. 环境科学，33（12）：4070-4080.

程先军，许迪，2012. 碳含量对再生水灌溉土壤氮素迁移转化规律的影响[J]. 农业工程学报，28（14）：85-90.

串丽敏，赵同科，安志装，等，2010. 土壤硝态氮淋溶及氮素利用研究进展[J]. 中国农学通报，26（11）：200-205.

丁妍，2007. 应用DSSAT模型评价土壤硝态氮淋洗风险——以北京大兴区为例[D]. 北京：中国农业大学.

段小丽，2012. 暴露参数的研究方法及其在环境健康风险评价中的应用[M]. 北京：科学出版社.

樊晓刚，金轲，李兆君，等，2010. 不同施肥和耕作制度下土壤微生物多样性研究进展[J]. 植物营养与肥料学报，16（3）：744-751.

冯绍元，张瑜芳，沈荣开，1996. 非饱和土壤中氮素运移与转化试验及其数值模拟[J]. 水利学报，6（8）：8-15.

符建国，贾志红，沈宏，2012. 植烟土壤酶活性对连作的响应及其与土壤理化特性的相关性研究[J]. 安徽农业科学，40（11）：6471-6473.

高兵，李俊良，陈清，等，2009. 设施栽培条件下番茄适宜的氮素管理和灌溉模式[J]. 中国农业科学，42（6）：2034-2042.

龚雪，王继华，关健飞，等，2014. 再生水灌溉对土壤化学性质及可培养微生物的影响[J]. 环境科学，35（9）：3572-3579.

关松荫，1986. 土壤酶及其研究法[M]. 北京：中国农业出版社.

郭魏，2016. 再生水灌溉对氮素生物有效性影响的微生物机制[D]. 北京：中国农业科学院.

郭魏，齐学斌，李中阳，等，2015. 不同施氮水平下再生水灌溉对土壤微环境的影响[J]. 水土保持学报，29（3）：311-315，319.

郭逍宇，董志，宫辉力，2006. 再生水灌溉对草坪土壤微生物群落的影响[J]. 中国环境科学，26（4）：482-485.

郭逍宇，董志，宫辉力，等，2006. 再生水对作物种子萌发、幼苗生长及抗氧化系统的影响[J]. 环境科学学报，26（8）：1337-1342.

郭晓明，马腾，崔亚辉，等，2012. 污灌时间对土壤肥力及土壤酶活性的影响[J]. 农业环境科学学报，31（4）：750-756.

韩烈保，周陆波，甘一萍，等，2006. 再生水灌溉对草坪土壤微生物的影响[J]. 北京林业大学学报，28（S1）：73-77.

韩晓日，邹德乙，郭鹏程，等，1996. 长期施肥条件下土壤生物量氮的动态及其调控氮素营养的作用[J]. 植物营养与肥料学报，2（1）：16-22.

郝杰，常智慧，段小春，2016. 草坪再生水灌溉挥发性有机物健康风险研究[J]. 草原与草坪，36（3）：60-66.

何飞飞，任涛，陈清，等，2008. 日光温室蔬菜的氮素平衡及施肥调控潜力分析[J]. 植物营养与肥料学报，14（4）：692-699.

何江涛，金爱芳，陈素暖，等，2010. 北京东南郊再生水灌区土壤PAHs污染特征[J]. 农业环境科学学报，29（4）：666-673.

何亚婷，齐玉春，董云社，等，2010. 外源氮输入对草地土壤微生物特性影响的研究进展[J]. 地球科学进展，25（8）：877-885.

何艺，谢志成，朱琳，2008. 不同类型水浇灌对已污染土壤酶及微生物量碳的影响[J]. 农业环境科学学报，27（6）：2227-2232.

贺纪正，张丽梅，2013. 土壤氮素转化的关键微生物过程及机制[J]. 微生物学通报，40（1）：98-108.

侯海军，秦红灵，陈春兰，等，2014. 土壤氮循环微生物过程的分子生态学研究进展[J]. 农业现代化研究，35（5）：588-594.

侯晓杰，汪景宽，李世朋，2007. 不同施肥处理与地膜覆盖对土壤微生物群落功能多样性的影响[J]. 生态学报，27（2）：655-661.

胡超，李平，樊向阳，等，2013. 减量追氮对再生水灌溉设施番茄产量及品质的影响[J]. 灌溉排水学报，32（5）：106-108.

黄东迈，朱培立，1994. 土壤氮激发效应的探讨[J]. 中国农业科学，27（4）：45-52.

黄冠华，查贵锋，冯绍元，等，2004. 冬小麦再生水灌溉时水分与氮素利用效率的研究[J]. 农业工程学报，20（1）：65-68.

黄绍文，王玉军，金继运，等，2011. 我国主要菜区土壤盐分、酸碱性和肥力状况[J]. 植物营养与肥料学报，17（4）：906-918.

黄元仿，李韵珠，陆锦文，1996. 田间条件下土壤运移的模拟模型 I 和 II [J]. 水利学报，6（6）：9-14.

黄占斌，苗战霞，侯利伟，等，2007. 再生水灌溉时期和方式对作物生长及品质的影响[J]. 农业环境科学学报，26（6）：2257-2261.

姜翠玲，夏自强，1997. 污水灌溉土壤及地下水三氮的变化动态分析[J]. 水科学进展，8（2）：183-188.

焦志华，黄占斌，李勇，等，2010. 再生水灌溉对土壤性能和土壤微生物的影响研究[J]. 农业环境科学学报，29（2）：319-323.

巨晓棠，李生秀，1998. 土壤氮素矿化的温度水分效应[J]. 植物营养与肥料学报，4（1）：37-42.

康绍忠，2014. 水安全与粮食安全[J]. 中国生态农业学报（8）：880-885.

李保国，胡克林，黄元仿，等，2005. 土壤溶质运移模型的研究及应用[J]. 土壤，37（4）：345-352.

李波，任树梅，张旭，等，2007. 再生水灌溉对番茄品质、重金属含量以及土壤的影响研究[J]. 水土保持学报，21（2）：163-165.

李博，徐炳声，陈家宽，2001. 从上海外来杂草区系剖析植物入侵的一般特征[J]. 生物多样性，9（4）：446-457.

李粉茹，于群英，邹长明，2009. 设施菜地土壤pH值、酶活性和氮磷养分含量的变化[J]. 农业工程学报，25（1）：217-222.

李阜棣，喻子牛，何绍江，1996. 农业微生物学实验技术[M]. 北京：中国农业出版社.

李刚，王丽娟，李玉洁，等，2013. 呼伦贝尔沙地不同植被恢复模式对土壤固氮微生物多样性的影响[J]. 应用生态学报，24（6）：1639-1646.

李贵才，韩兴国，黄建辉，等，2001. 森林生态系统土壤氮矿化影响因素研究进展[J]. 生态学报（7）：1187-1195.

李合生，2000. 植物生理生化实验原理和技术[M]. 北京：高等教育出版社.

李慧，陈冠雄，杨涛，等，2005. 沈抚灌区含油污水灌溉对稻田土壤微生物种群及土壤酶活性的影响[J]. 应用生态学报，16（7）：1355-1359.

李久生，2020. 再生水滴灌原理与应用[M]. 北京：科学出版社.

李昆，魏源送，王健行，等，2014. 再生水回用的标准比较与技术经济分析[J]. 环境科学学报，34（7）：1635-1653.

李平，2007. 不同潜水埋深污水灌溉氮素运移试验研究[D]. 北京：中国农业科学院.

李平，2018. 再生水灌溉对设施土壤氮素转化及生境影响研究[D]. 西安：西安理工大学.

李平，樊向阳，齐学斌，等，2013a. 加氯再生水交替灌溉对土壤氮素残留和马铃薯大肠菌群影响[J]. 中国农学通报，29（7）：82-87.

李平，胡超，樊向阳，等，2013. 减量追氮对再生水灌溉设施番茄根层土壤氮素利用的影响[J]. 植物营养与肥料学报，19（4）：972-979.

李平，齐学斌，樊向阳，等，2009. 分根区交替灌溉对马铃薯水氮利用效率的影响[J]. 农业工程学报，25（6）：92-95.

李平，齐学斌，郭魏，等，2019. 再生水灌溉对设施生境调控及其效应评估[M]. 北京：中国水利水电出版社.

李天来，2016. 我国设施蔬菜科技与产业发展现状及趋势[J]. 中国农村科技（5）：75-77.

李文军，杨奇勇，杨基峰，等，2017. 长期施肥下洞庭湖水稻土氮素矿化及其温度敏感性研究[J]. 农业机械学报，48（11）：261-270.

李晓娜，武菊英，孙文元，等，2011. 再生水灌溉对苜蓿、白三叶生长及品质的影响[J]. 草地学报，19（3）：463-467.

李晓娜，武菊英，孙文元，等，2012. 再生水灌溉对饲用小黑麦品质的影响[J]. 麦类作物学报，32（3）：460-464.

李阳，王文全，吐尔逊·吐尔洪，2015. 再生水灌溉对葡萄叶片抗氧化酶和土壤酶的影响[J]. 植物生理学报，51（3）：295-301.

李长生，2001. 生物地球化学的概念与方法——DNDC模型的发展[J]. 第四纪研究，21（2）：89-99.

李紫燕，李世清，李生秀，2008. 铵态氮肥对黄土高原典型土壤氮素激发效应的影响[J]. 植物营养与肥料学报，14（5）：866-873.

栗岩峰，李久生，赵伟霞，等，2015. 再生水高效安全灌溉关键理论与技术研究进展[J]. 农业机械学报（3）：1-11.

连青龙，张跃峰，丁小明，等，2016. 我国北方设施蔬菜质量安全现状与问题分析[J]. 中国蔬菜（7）：15-21.

梁浩，胡克林，李保国，等，2014. 土壤—作物—大气系统水热碳氮过程耦合模型构建[J]. 农业工程学报，30（24）：54-66.

梁启新，康轩，黄景，等，2010. 保护性耕作方式对土壤碳、氮及氮素矿化菌的影响研究[J]. 广西农业科学，41（1）：47-51.

刘洪禄，马福生，许翠平，等，2010. 再生水灌溉对冬小麦和夏玉米产量及品质的影响[J]. 农业工程学报，26（3）：82-86.

刘洪禄，吴文勇，等，2009. 再生水灌溉技术研究[M]. 北京：中国水利水电出版社.

刘凌，夏自强，姜翠玲，等，1995. 污水灌溉中氮化合物迁移转化过程的研究[J]. 水资源保护（4）：40-45.

刘培斌，张瑜芳，1999. 稻田中氮素流失的田间试验与数值模拟研究[J]. 农业环境保护，18（6）：241-245.

刘兆辉，江丽华，张文君，等，2008. 山东省设施蔬菜施肥量演变及土壤养分变化规律[J]. 土壤学报，45（2）：296-303.

刘振香，刘鹏，贾绪存，等，2015. 不同水肥处理对夏玉米田土壤微生物特性的影响[J]. 应用生态学报，26（1）：113-121.

陆垂裕，杨金忠，JAYAWARDANE N，等，2004. 污水灌溉系统中氮素转化运移的数值模拟分析[J]. 水利学报（5）：83-88.

陆卫平，张炜铃，潘能，等，2012. 再生水利用的生态风险研究进展[J]. 环境科学，33（12）：4070-4080.

罗培宇，2014. 轮作条件下长期施肥对棕壤微生物群落的影响[D]. 沈阳：沈阳农业大学.

吕殿青，杨进荣，马林英，1999. 灌溉对土壤硝态氮淋吸效应影响的研究[J]. 植物营养与肥料学报，5（4）：307-315.

吕殿青，张树兰，杨学云，2007. 外加碳、氮对黄绵土有机质矿化与激发效应的影响[J]. 植物营养与肥料学报，13（3）：423-429.

吕国红，周广胜，赵先丽，等，2005. 土壤碳氮与土壤酶相关性研究进展[J]. 辽宁气象（2）：6-8.

马闯，杨军，雷梅，等，2012. 北京市再生水灌溉对地下水的重金属污染风险[J]. 地理研究，31（12）：2250-2258.

马栋山，郭羿宏，张琼琼，等，2015. 再生水补水对河道底泥细菌群落结构影响研究[J]. 生态学报，35（20）：1-10.

马军花，任理，龚元石，等，2004. 冬小麦生长条件下土壤氮素运移动态的数值模拟[J]. 水利学报（3）：103-110.

马丽萍，张德罡，姚拓，等，2005. 高寒草地不同扰动生境纤维素分解菌数量动态研究[J]. 草原与草坪（1）：29-33.

马敏，黄占斌，焦志华，等，2007. 再生水灌溉对玉米和大豆品质影响的试验研究[J]. 农业工程学报，23（5）：47-50.

聂斌，李文刚，江丽华，等，2012. 不同灌溉方式对设施番茄土壤剖面硝态氮分布及灌溉水分效率的影响[J]. 水土保持研究，19（3）：102-107.

欧阳媛，王圣瑞，金相灿，等，2009. 外加氮源对滇池沉积物氮矿化影响的研究[J]. 中国环境科学，29（8）：879-884.

潘能，侯振安，陈卫平，等，2012. 绿地再生水灌溉土壤微生物量碳及酶活性效应研究[J]. 环境科学，33（12）：4081-4087.

潘兴瑶，吴文勇，杨胜利，等，2012. 北京市再生水灌区规划研究[J]. 灌溉排水学报，31（4）：115-119.

彭致功，杨培岭，任树梅，2006. 再生水灌溉水分处理对草坪生理生化特性及质量的影响[J]. 农业工程学报，22（4）：48-52.

齐学斌，樊向阳，赵辉，2009. 再生水灌溉试验研究[M]. 北京：中国水利水电出版社.

钦绳武，刘芷宇，1989. 土壤—根系微区养分状况的研究 Ⅵ. 不同形态肥料氮素在根际的迁移规律[J]. 土壤学报，26（2）：117-123.

秦华，林先贵，陈瑞蕊，等，2005. DEHP对土壤脱氢酶活性及微生物功能多样性的影响[J]. 土壤学报，42（5）：829-834.

仇付国，2004. 城市污水再生利用健康风险评价理论与方法研究[D]. 西安：西安建筑科技大学.

仇付国，王敏，2007. 城市污水再生利用化学污染物健康风险评价[J]. 环境科学与管理，32（2）：186-188.

商放泽，2016. 再生水灌溉对深层土壤盐分迁移累积及碳氮转化的影响[D]. 北京：中国农业大学.

单晓雨，张萌，郑平，2016. Nar与Nxr：氮素循环中微生物关键酶研究进展[J]. 科技通报，32（7）：202-206.

沈菊培，贺纪正，2011. 微生物介导的碳氮循环过程对全球气候变化的响应[J]. 生态学报，31（11）：2957-2967.

沈菊培，张丽梅，贺纪正，2011. 几种农田土壤中古菌、泉古菌和细菌的数量分布特征[J]. 应用生态学报，22（11）：2996-3002.

沈灵凤，白玲玉，曾希柏，等，2012. 施肥对设施菜地土壤硝态氮累积及pH的影响[J]. 农业环境科学学报，31（7）：1350-1356.

时鹏，高强，王淑平，等，2010. 玉米连作及其施肥对土壤微生物群落功能多样性的影响[J]. 生态学报，30（22）：6173-6182.

史春余，张夫道，张俊清，等，2003. 长期施肥条件下设施蔬菜地土壤养分变化研究[J]. 植物营养与肥料学报，9（4）：437-441.

史青，柏耀辉，李宗逊，等，2011. 应用 T-RFLP 技术分析滇池污染水体的细菌群落[J]. 环境科学，32（6）：1786-1792.

宋长青，吴金水，陆雅海，等，2013. 中国土壤微生物学研究10年回顾[J]. 地球科学进展，28（10）：1087-1105.

唐国勇，黄道友，童成立，等，2005. 土壤氮素循环模型及其模拟研究进展[J]. 应用生态学报，16（11）：204-208.

唐启义，2010. DPS数据处理系统：实验设计、统计分析及数据挖掘 [M]. 第2版. 北京：科学出版社.

田茂洁，2004. 土壤氮素矿化影响因子研究进展[J]. 西华师范大学学报（自然科学版），25（3）：298-303.

王春辉，祝鹏飞，束良佐，等，2014. 分根区交替灌溉和氮形态影响土壤硝态氮的迁移利用[J]. 农业工程学报，30（11）：92-101.

王伏伟，王晓波，李金才，等，2015. 施肥及秸秆还田对砂姜黑土细菌群落的影响[J]. 中国生态农业学报，23（10）：1302-1311.

王激清，马文奇，江荣风，等，2007. 中国农田生态系统氮素平衡模型的建立及其应用[J]. 农业工程学报，23（8）：210-215.

王金凤，康绍忠，张富仓，等，2006. 控制性根系分区交替灌溉对玉米根区土壤微生物及作物生长的影响[J]. 中国农业科学，39（10）：2056-2062.

王敬，程谊，蔡祖聪，等，2016. 长期施肥对农田土壤氮素关键转化过程的影响[J]. 土壤学报，53（2）：292-304.

王敬国，林杉，李保国，2016. 氮循环与中国农业氮管理[J]. 中国农业科学，49（3）：503-517.

王丽影，杨金忠，伍靖伟，等，2008. 再生水灌溉条件下氮磷运移转化实验与数值模拟[J]. 地球科学（中国地质大学学报），33（2）：266-272.

王齐，李宏伟，师春娟，等，2012. 短期中水灌溉对绿地土壤微生物数量的影响[J]. 草业科学，29（3）：346-351.

王齐，刘英杰，周德全，等，2011. 短期和长期中水灌溉对绿地土壤理化性质的影响[J]. 水土保持学报（5）：74-80.

王伟，于兴修，刘航，等，2016. 农田土壤氮矿化研究进展[J]. 中国水土保持（10）：67-71.

王小晓，黄平，吴胜军，等，2017. 土壤氮矿化动力学模型研究进展[J]. 世界科技研究与发展，39（2）：164-173.

王晓钰，李飞，2014. 农用土壤重金属多受体健康风险评价模型及实例应用[J]. 环境工程，32（1）：120-125.

王媛，周建斌，杨学云，2010. 长期不同培肥处理对土壤有机氮组分及氮素矿化特性的影响[J]. 中国农业科学，43（6）：1173-1180.

王志敏，林青，王松禄，等，2015. 田块尺度上土壤/地下水中硝态氮动态变化特征及模拟[J]. 土壤，47（3）：496-502.

吴卫熊，何令祖，邵金华，等，2016. 清水、再生水灌溉对甘蔗产量及品质影响的分析[J]. 节水灌溉（9）：74-78.

吴文勇，许翠平，刘洪禄，等，2010. 再生水灌溉对果菜类蔬菜产量及品质的影响[J]. 农业工程学报，26（1）：36-40.

谢驾阳，王朝辉，李生秀，2009. 施氮对不同栽培模式旱地土壤有机碳氮和供氮能力的影响[J]. 西北农林科技大学学报（自然科学版），37（11）：187-192.

徐国华，2016. 提高农作物养分利用效率的基础和应用研究[J]. 植物生理学报，52（12）：1761-1763.

徐国伟，陆大克，刘聪杰，等，2018. 干湿交替灌溉和施氮量对水稻内源激素及氮素利用的影响[J]. 农业工程学报，34（7）：137-146.

徐强，程智慧，孟焕文，等，2007. 米线辣椒套作对线辣椒根际、非根际土壤微生物、酶活性和土壤养分的影响[J]. 干旱地区农业研究，25（3）：94-99.

徐秀凤，刘青勇，王爱芹，等，2011. 再生水灌溉对冬小麦产量和品质的影响[J]. 灌溉排水学报，30（1）：97-99.

徐应明，魏益华，孙扬，等，2008. 再生水灌溉对小白菜生长发育与品质的影响研究[J]. 灌溉排水学报，27（2）：1-4.

徐应明，周其文，孙国红，等，2009. 再生水灌溉对甘蓝品质和重金属累积特性影响研究[J]. 灌溉排水学报，28（2）：13-16.

许翠平，吴文勇，刘洪禄，等，2010. 再生水灌溉对叶菜类蔬菜产量及品质影响的试验研究[J]. 灌溉排水学报，29（5）：23-26.

许光辉，郑洪元，张德生，等，1984. 长白山北坡自然保护区森林土壤微生物生态分布及其生化特性的研究[J]. 生态学报，4（3）：207-223.

薛彦东，杨培岭，任树梅，等，2011. 再生水灌溉对黄瓜和西红柿养分元素分布特征及果实品质的影响[J]. 应用生态学报，22（2）：395-401.

杨金忠，JAYAWARDANE N，BLACKWELL J，等，2004. 污水灌溉系统中氮磷转化运移的试验研究[J]. 水利学报（4）：72-79.

杨景成，韩兴国，黄建辉，等，2003. 土壤有机质对农田管理措施的动态响应[J]. 生态学报，23（4）：787-796.

叶德练，齐瑞娟，张明才，等，2016. 节水灌溉对冬小麦田土壤微生物特性、土壤酶活性和养分的调控研究[J]. 华北农学报，31（1）：224-231.

于淑玲，2006. 河北省临城县小天池林区被子植物区系研究[J]. 西北农林科技大学学报，34（7）：72-76.

喻景权，周杰，2016. "十二五" 我国设施蔬菜生产和科技进展及其展望[J]. 中国蔬菜（9）：18-30.

袁丽金，巨晓棠，张丽娟，等，2010. 设施蔬菜土壤剖面氮磷钾积累及对地下水的影响[J]. 中国生态农业学报，18（1）：14-19.

云鹏，高翔，陈磊，等，2010. 冬小麦—夏玉米轮作体系中不同施氮水平对玉米生长及其根际土壤氮的影响[J]. 植物营养与肥料学报，16（3）：567-574.

詹媛媛，薛梓瑜，任伟，等，2009. 干旱荒漠区不同灌木根际与非根际土壤氮素的含量特征[J]. 生态学报，29（1）：59-66.

张夫道，1998. 氮素营养研究中几个热点问题[J]. 植物营养与肥料学报，4（4）：331-338.

张嘉超，曾光明，喻曼，等，2010. 农业废物好氧堆肥过程因子对细菌群落结构的影响[J]. 环境科学学报，30（5）：1002-1010.

张金屯，2004. 数量生态学[M]. 北京：科学出版社：157-162.

张晶，张惠文，苏振成，等，2007. 长期有机污水灌溉对土壤固氮细菌种群的影响[J]. 农业环境科学学报，26（2）：662-666.

张晶，张惠文，张勤，等，2008. 长期石油污水灌溉对东北旱田土壤微生物生物量及土壤酶活性的影响[J]. 中国生态农业学报，16（1）：67-70.

张娟，王艳春，2009. 再生水灌溉对植物根际土壤特性和微生物数量的影响[J]. 节水灌溉（3）：5-8.

张明智，牛文全，李康勇，等，2015. 灌溉与深松对夏玉米根区土壤微生物数量的影响[J]. 土壤通报，46（6）：1407-1414.

张薇，胡跃高，黄国和，等，2007. 西北黄土高原柠条种植区土壤微生物多样性分析[J]. 微生物学报，47（5）：751-756.

张卫峰，马林，黄高强，等，2013. 中国氮肥发展、贡献和挑战[J]. 中国农业科学，46（15）：3161-3171.

张文莉，李阳，王文全，2016. 再生水灌溉对土壤和葡萄品质的影响[J]. 农业资源与环境学报，33（2）：149-156.

张学军，赵营，陈晓群，等，2007. 氮肥施用量对设施番茄氮素利用及土壤NO_3^--N累积的影响[J]. 生态学报，27（9）：3761-3768.

张彦，张惠文，苏振成，等，2006. 污水灌溉对土壤重金属含量、酶活性和微生物类群分布的影响[J]. 安全与环境学报，6（6）：44-50.

张真和，马兆红，2017. 我国设施蔬菜产业概况与"十三五"发展重点——中国蔬菜协会副会长张真和访谈录[J]. 中国蔬菜（5）：1-5.

张志斌，2008. 我国设施蔬菜存在的问题及发展重点[J]. 中国蔬菜（5）：1-3.

赵全勇，李冬杰，孙红星，等，2017. 再生水灌溉对土壤质量影响研究综述[J]. 节水灌溉（1）：53-58.

赵彤，2014. 宁南山区植被恢复工程对土壤原位矿化中微生物种类和多样性的影响[D]. 杨凌：西北农林科技大学.

赵伟，梁斌，周建斌，2017. 长期不同施肥处理对土壤氮素矿化特性的影响[J]. 西北农林科技大学学报（自然科学版），45（2）：177-181.

赵长盛，胡承孝，黄魏，2013. 华中地区两种典型菜地土壤中氮素的矿化特征研究[J]. 土壤，45（1）：41-45.

赵忠明，陈卫平，焦文涛，等，2012. 再生水灌溉对土壤性质及重金属垂直分布的影响[J]. 环境科学，33（12）：4094-4099.

郑顺安，陈春，郑向群，等，2012. 再生水灌溉对土壤团聚体中有机碳、氮和磷的形态及分布的影响[J]. 中国环境科学，32（11）：2053-2059.

郑汐，王齐，孙吉雄，2011. 中水灌溉对草坪绿地土壤理化性状及肥力的影响[J]. 草原与草坪，31（2）：61-64.

周丽霞，丁明懋，2007. 土壤微生物学特性对土壤健康的指示作用[J]. 生物多样性，15（2）：162-171.

周玲玲，孟亚利，王友华，等，2010. 盐胁迫对棉田土壤微生物数量与酶活性的影响[J]. 水土保持学报，24（2）：241-246.

周媛，2016. 再生水灌溉土壤氮素释放与调控机理研究[D]. 北京：中国农业科学院.

周媛，李平，郭魏，等，2016. 施氮和再生水灌溉对设施土壤酶活性的影响[J]. 水土保持学报，30（4）：268-273.

周媛，齐学斌，李平，等，2016. 再生水灌溉年限对设施土壤酶活性的影响[J]. 灌溉排水学报，35（1）：22-26.

朱兆良，文启孝，1992. 中国土壤氮素[M]. 南京：江苏科学技术出版社.

ACOSTA-MARTÍNEZ V, ZOBECK T M, GILL T E, et al., 2003. Enzyme activities and microbial community structure in semiarid agricultural soils[J]. Biology & Fertility of Soils, 38（4）：216-227.

ADROVER M, FARRUS E, MOYA G, et al., 2012. Chemical properties and biological activity in soils of Mallorca following twenty years of treated wastewater irrigation[J]. Journal of Environmental Management, 95：188-192.

AIELLO R, CIRELLI G L, CONSOLI S, 2007. Effects of reclaimed wastewater irrigation on soil and tomato fruits：a case study in Sicily（Italy）[J]. Agricultural Water Management, 93（1）：65-72.

AINA O D, AHMAD F, 2013. Carcinogenic health risk from trihalomethanes during reuse of reclaimed water in coastal cities of the Arabian Gulf[J]. Journal of Water Reuse & Desalination, 3（2）：175-184.

AKPONIKPÈ P B I, WIMA K, YACOUBA H, et al., 2011. Reuse of domestic wastewater treated in macrophyte ponds to irrigate tomato and eggplant in semi-arid West-Africa：benefits and risks[J]. Agricultural Water Management, 98（5）：834-840.

AL-KHAMISI S A, AHMED M, AL-WARDY M, et al., 2016. Effect of reclaimed water irrigation on yield attributes and chemical composition of wheat（*Triticum aestivum*）, cowpea（*Vigna sinensis*）, and maize（*Zea mays*）in rotation[J]. Irrigation Science, 35：1-12.

AL-KHAMISI S A, AL-WARDY M, AHMED M, et al., 2016. Impact of reclaimed water irrigation on soil salinity, hydraulic conductivity, cation exchange capacity and macro-nutrients[J]. Journal of Agricultural and Marine Sciences, 21（1）：8-18.

AL-KHAMISI S A, PRATHAPAR S A, AHMED M, 2013. Conjunctive use of reclaimed water and groundwater in crop rotations[J]. Agricultural Water Management, 116（2）：228-234.

ANTONOPOULOS V Z, 1993. Simulation of water and nitrogen dynamics in soils during wastewater applications by using a finite-element model. Water Resources Management, 7（3）：237-251.

ARAGÓN R, SARDANS J, PEÑUELAS J, 2014. Soil enzymes associated with carbon and nitrogen cycling in invaded and native secondary forests of northwestern Argentina[J]. Plant and Soil, 384（1-2）：169-183.

BAO Q L, JU X T, GAO B, et al., 2012. Response of nitrous oxide and corresponding bacteria to managements in an agricultural Soil[J]. Soil Science Society of America Journal,

76（1）：130.

BARAKAT M，CHEVIRON B，ANGULO-JARAMILLO R，2016. Influence of the irrigation technique and strategies on the nitrogen cycle and budget：a review[J]. Agricultural Water Management，178：225-238.

BARBERA A C，MAUCIERI C，CAVALLARO V，et al.，2013. Effects of spreading olive mill wastewater on soil properties and crops，a review[J]. Agricultural Water Management，119：43-53.

BARTON L，SCHIPPER L A，SMITH C T，et al.，2000. Denitrification enzyme activity is limited by soil aeration in a wastewater-irrigated forest soil [J]. Biology & Fertility of Soils，32（5）：385-389.

BARYOSEF B，SHEIKHOLSLAMI M R，1976. Distribution of water and ions in soils irrigated and fertilized from a trickle source. Soil Science Society of America Journal，40（4）：575-582.

BATARSEH M I，RAWAJFEH A，IOANNIS K K，et al.，2011. Treated municipal wastewater irrigation impact on olive trees（*Olea Europaea* L.）at Al-Tafilah，Jordan[J]. Water Air & Soil Pollution，217（1-4）：185-196.

BECERRA-CASTRO C，LOPES A R，VAZ-MOREIRA I，et al.，2015. Wastewater reuse in irrigation，a microbiological perspective on implications in soil fertility and human and environmental health[J]. Environment International，75：117-135.

BELTRAO J，COSTA M，ROSADO V，et al.，2003. New techniques to control salinity-wastewater reuse interactions in golf courses of the Mediterranean regions[J]. Journal of Advanced Nursing，71（4）：718-734.

BIELORAI H，FEIGIN A，WEIZMAN Y，1984. Drip irrigation of cotton with municipal effluents：II. nutrient availability in soil[J]. Journal of Environmental Quality，13（2）：234-238.

BIXIO D，THOEYE C，WINTGENS T，et al.，2008. Water reclamation and reuse：implementation and management issues[J]. Desalination，218（1）：13-23.

BLANCHARD M，TEIL M J，OLLIVON D，et al.，2001. Origin and distribution of polyaromatic hydrocarbons and polychlorobiphenyls in urban effects to wastewater treatment plant s of the Paris area[J]. Water Research，35（15）：3679-3687.

BRADBURY N J，WHITMORE A P，HART P B S，et al.，1993. Modelling the fate of nitrogen in crop and soil in the years following application of ^{15}N-labelled fertilizer to winter wheat [J]. Journal of Agricultural Science，121（3）：363-379.

BURGER M，JACKSON L E，2003. Microbial immobilization of ammonium and nitrate in relation to ammonification and nitrification rates in organic and conventional cropping systems[J]. Soil Biology & Biochemistry, 35（1）: 29-36.

CALDERÓ N-PRECIADO D, MATAMOROS V, SAVÉ R, et al., 2013. Uptake of microcontaminants by crops irrigated with reclaimed water and groundwater under real field greenhouse conditions[J]. Environmental Science & Pollution Research, 20（6）: 3629-3638.

CAMARGO F A D O, GIANELLO C, TEDESCO M J, et al., 2002. Empirical models to predict soil nitrogen mineralization[J]. Ciencia Rural, 32（3）: 393-399.

CAPORASO J G, LAUBER C L, WALTERS W A, et al., 2012. Ultra-high-throughput microbial community analysis on the Illumina HiSeq and MiSeq platforms[J]. ISME Journal, 6（8）: 1621-1624.

CARPENTER-BOGGS L, PIKUL J L, VIGIL M F, et al., 2000. Soil nitrogen mineralization influenced by crop rotation and nitrogen fertilization[J]. Soil Science Society of America Journal, 64（6）: 2038-2045.

CARTER M R, RENNIE D A, 1984. Dynamics of soil microbial biomass N under zero and shallow tillage for spring wheat, using ^{15}N urea[J]. Plant & Soil, 76（1/3）: 157-164.

CATHERINE L, ROB K, 2005. UniFrac: a new phylogenetic method for comparing microbial communities[J]. Applied and Environmental Microbiology, 71（12）: 8228-8235.

CEVIK F, GÖKSU M Z L, DERICI O B, et al., 2009. An assessment of metal pollution in surface sediments of Seyhan dam by using enrichment factor, geoaccumulation index and statistical analyses[J]. Environmental Monitoring and Assessment, 152（1-4）: 309-317.

CHAO A, 1984. Non-parametric estimation of the number of classes in a population[J]. Scandinavian Journal of Statistics, 11（4）: 265-270.

CHEFETZ B, MUALEM T, BEN-ARI J, 2008. Sorption and mobility of pharmaceutical compounds in soil irrigated with reclaimed wastewater[J]. Chemosphere, 73（8）: 1335-1343.

CHEN S, YU W, ZHANG Z, et al., 2015. Soil properties and enzyme activities as affected by biogas slurry irrigation in the Three Gorges Reservoir areas of China[J]. Journal of Environmental Biology, 36（2）: 513.

CHEN W P, LU S D, JIAO W T, et al., 2013. Reclaimed water: a safe irrigation water source?[J]. Environmental Development, 8: 74-83.

CHEN W, LU S, PAN N, et al., 2015. Impact of reclaimed water irrigation on soil health in urban green areas[J]. Chemosphere, 119（1）: 654-661.

CHEN W, WU L, JR W T F, et al., 2008. Soil enzyme activities of long-term reclaimed wastewater-irrigated soils [J]. Journal of Environmental Quality, 37（5 Suppl）: S36.

CHEN Z, LUO X, HU R, et al., 2010. Impact of long-term fertilization on the composition of denitrifier communities based on nitrite reductase analyses in a paddy soil[J]. Microbial Ecology, 60（4）: 850-861.

CHEN Z, NGO H H, GUO W S, 2013. A Critical review on the end uses of recycled water[J]. Environmental Science & Technology, 43: 1446-1516.

CLEGG C D, 2006. Impact of cattle grazing and inorganic fertilizer additions to managed grassland on the microbial community composition of soil[J]. Applied Soil Ecology, 31（1/2）: 73-82.

CONTRERAS S, PEREZ-CUTILLAS P, SANTONI C S, et al., 2014. Effects of reclaimed waters on spectral properties and leaf traits of citrus orchards[J]. Water Environment Research, 86（11）: 2242-2250.

DE MIGUEL A, MARTÍNEZHERNÁNDEZ V, LEAL M, et al., 2013. Short-term effects of reclaimed water irrigation: *Jatropha curcas* L. cultivation[J]. Ecological Engineering, 50（50）: 44-51.

DE SOUZA R S, REZENDE R, HACHMANN T L, et al., 2017. Lettuce production in a greenhouse under fertigation with nitrogen and potassium silicate[J]. Acta Scientiarum-Agronomy, 39（2）: 211-216.

DELGADO J A, 1998. Sequential NLEAP simulations to examine effect of early and late planted winter cover crops on nitrogen dynamics[J]. Journal of Soil and Water Conservation, 53（3）: 241-244.

DIMITRIU P A, PRESCOTT C E, QUIDEAU S A, et al., 2010. Impact of reclamation of surface-mined boreal forest soils on microbial community composition and function[J]. Soil Biology Biochemistry, 42（12）: 2289-2297.

DION P, 2010. Soil biology and agriculture in the tropics[M]. Heidelberg New York: Springer.

ELGALLAL M, FLETCHER L, EVANS B, 2016. Assessment of potential risks associated with chemicals in wastewater used for irrigation in arid and semiarid zones: a review[J]. Agricultural Water Management, 177: 419-431.

ELLERT B H, BETTANY J R, 1992. Temperature dependence of net nitrogen and sulfur mineralization[J]. Soil Science Society of America Journal, 56（4）: 1133-1141.

ERISMAN J W, SUTTON M A, GALLOWAY J, et al., 2008. How a century of ammonia synthesis changed the world[J]. Nature Geoscience, 1（10）: 636-639.

ESTIU G, JR M K, 2004. The hydrolysis of urea and the proficiency of urease[J]. Journal of the American Chemical Society, 126（22）: 6932-6944.

EVANYLO G, ERVIN E, ZHANG X Z, 2010. Reclaimed water for turfgrass irrigation[J]. Water, 2: 685-701.

FAN M S, SHEN J B, YUAN L X, et al., 2012. Improving crop productivity and resource use efficiency to ensure food security and environmental quality in China[J]. Journal of Experimental Botany, 63（1）: 13-24.

FANG H, MO J M, PENG S L, et al., 2007. Cumulative effects of nitrogen additions on litter decomposition in three tropical forests in southern China[J]. Plant & Soil, 297（1/2）: 233-242.

FRANKO U, OELSCHLÄGEL B, SCHENK S, 1995. Simulation of temperature-, water- and nitrogen dynamics using the model CANDY[J]. Ecological Modelling, 81: 213-322.

GAN Y, LIANG C, CHAI Q, et al., 2014. Improving farming practices reduces the carbon footprint of spring wheat production[J]. Nature Communications, 5: 1-13.

GEISSELER D, HORWATH W R., JOERGENSEN R G, et al., 2010. Pathways of nitrogen utilization by soil microorganisms: a review[J]. Soil Biology & Biochemistry, 42（12）: 2058-2067.

GEISSELER D, SCOW K M, 2014. Long-term effects of mineral fertilizers on soil microorganisms: a review[J]. Soil Biology and Biochemistry, 75: 54-63.

GHARBI L T, MERDY P, LUCAS Y, 2010. Effects of long-term irrigation with treated waste water. Part II: role of organic carbon on Cu, Pb and Cr behavior [J]. Applied Geochemistry, 25（11）: 1711-1721.

GHEYSARI M, MIRLATIFI S M, HOMAEE M, et al., 2009. Nitrate leaching in a silage maize field under different irrigation and nitrogen fertilizer rates[J]. Agricultural Water Management, 96（6）: 946-954.

GHREFAT H A, ABU-RUKAH Y, ROSEN M A, 2011. Application of geoaccumulation index and enrichment factor for assessing metal contamination in the sediments of Kafrain Dam, Jordan[J]. Environmental Monitoring and Assessment, 178（1-4）: 95-109.

GOLL D S, BROVKIN V, PARIDA B R, et al., 2012. Nutrient limitation reduces land carbon uptake in simulations with a model of combined carbon, nitrogen and phosphorus cycling[J]. Biogeosciences, 9（3）: 3547-3569.

GOMEZ E, MARTIN J, MICHEL F C, 2011. Effects of organic loading rate on reactor performance and archaeal community structure in mesophilic anaerobic digesters treating municipal sewage sludge[J]. Waste Management & Research, 29: 1117-1123.

GUO J H, LIU X J, ZHANG Y, et al., 2010. Significant acidification in major Chinese croplands[J]. Science, 327（5968）: 1008-1010.

GUO W, MATHIAS A, QI X B, et al., 2017. Effects of reclaimed water irrigation and nitrogen fertilization on the chemical properties and microbial community of soil[J]. Journal of Integrative Agriculture, 16（3）: 679-690.

GUO Y H, GONG H L, GUO X Y, 2015. Rhizosphere bacterial community of *Typha angustifolia* L. and water quality in a river wetland supplied with reclaimed water[J]. Applied Microbiology and Biotechnology, 99（6）: 2883-2893.

HALLIWELL D J, BARLOW K M, NASH D M, 2001. A review of the effects of wastewater sodium on soil physical properties and their implications for irrigation systems[J]. Soil Research, 39（39）: 1259-1267.

HANI H, SIEGENTHALER A, CANDINAS T, 1995. Soil effects due to sewage sludge application in agriculture[J]. Fertilizer Research, 43（1-3）: 149-156.

HANSON J D, AHUJA L R, SHAFFER M D, et al., 1998. RZWQM: Simulating the effects of management on water quality and crop production[J]. Agricultural Systems, 57（2）: 161-195.

HE F F, CHEN Q, JIANG R F, et al., 2007. Yield and nitrogen balance of greenhouse tomato（*Lycopersicum esculentum* Mill.）with conventional and site-specific nitrogen management in northern China[J]. Nutrient Cycling in Agroecosystems, 77（1）: 1-14.

HILLEL D, 1992. Modeling plant and soil systems[J]. Soil Science, 154（6）: 511-512.

HINSINGER P, BENGOUGH A G, VETTERLEIN D, et al., 2009. Rhizosphere: biophysics, biogeochemistry and ecological relevance[J]. Plant and Soil, 321（1-2）: 117-152.

HUESO S, GARCÍA C, HERNÁNDEZ T, 2012. Severe drought conditions modify the microbial community structure, size and activity in amended and unamended soils[J]. Soil Biology & Biochemistry, 50（50）: 167-173.

HULUGALLE N, WEAVER T, HICKS A, et al., 2003. Irrigating cotton with treated sewage[J]. Australian Cottongrower, 24（3）: 41-42.

HUO C, LUO Y, CHENG W, 2017. Rhizosphere priming effect: a meta-analysis[J]. Soil Biology and Biochemistry, 111: 78-84.

JIAN X, WU L S, CHANG A C, et al., 2010. Impact of long-term reclaimed wastewater irrigation on agricultural soils: a preliminary assessment[J]. Journal of Hazardous Materials, 183（1）: 780-786.

JOHNSSON H, BERGSTROM L, JANSSON P E, et al., 1987. Simulated nitrogen dynamics and losses in a layered agricultural soil[J]. Agriculture, Ecosystems & Environment, 18: 333-356.

JONES R T, ROBESON M S, LAUBER C L, et al., 2009. A comprehensive survey of soil acidobacterial diversity using pyrosequencing and clone library analyses[J]. ISME Journal, 3（4）: 442-453.

JU X, LU X, GAO Z, et al., 2011. Processes and factors controlling N_2O production in an intensively managed low carbon calcareous soil under sub-humid monsoon conditions[J]. Environmental Pollution, 159（4）: 1007-1016.

KALAVROUZIOTIS I K, KOKKINOS P, ORON G, et al., 2013. Current status in wastewater treatment, reuse and research in some mediterranean countries[J]. Desalination and Water Treatment, 53（8）: 2015-2030.

KOCYIGIT R, GENC M, 2017. Impact of drip and furrow irrigations on some soil enzyme activities during tomato growing season in a semiarid ecosystem[J]. Fresenius Environmental Bulletin, 26（1A）: 1047-1051.

KOLBERG R L, ROUPPET B, WESTFALL D G, et al., 1997. Evaluation of an In Situ net soil nitrogen mineralization method in dryland agroecosystems[J]. Soil Science Society of America Journal, 61（2）: 504-508.

LAI J S, 2013. Canoco 5: a new version of an ecological multivariate data ordination program. [J]. Biodiversity Science, 21（6）: 765-768.

LAUBER C L, STRICKLAND M S, BRADFORD M A, et al., 2008. The influence of soil properties on the structure of bacterial and fungal communities across land-use types[J]. Soil Biology & Biochemistry, 40（9）: 2407-2415.

LEININGER S, URICH T, SCHLOTER M, et al., 1990. Archaea predominate among ammonia-oxidizing prokaryotes in soils[J]. Advances in Microbial Physiology, 30: 125.

LEONARD R A, KNISEL W G, STILL D A, 1987. GLEAMS: groundwater loading effects of agricultural management systems. [J]. Transactions of the ASAE, American Society of Agricultural Engineers, 30（5）: 1403-1418.

LI C S, FROLKING S, FROLKING T A, 1992. A model of nitrous oxide evolution from soil driven by rainfall events. I-Model structure and sensitivity. II-Model applications[J]. Journal of Geophysical Research Atmospheres, 97（D9）: 9777-9783.

LI P, HU C, QI X B, et al., 2015. Effect of reclaimed municipal wastewater irrigation and nitrogen fertilization on yield of tomato and nitrogen economy[J]. Bangladesh Journal of Botany, 44S（5）: 699-708.

LI P, ZHANG J F, QI X B, et al., 2018. The responses of soil function to reclaimed water irrigation changes with soil depth[J]. Desalination and Water Treatment, 122: 100-105.

LI R H, LI X B, LI G Q, et al., 2014. Simulation of soil nitrogen storage of the typical steppe with the DNDC model: a case study in Inner Mongolia, China[J]. Ecological Indicators, 41: 155-164.

LI Y M, SUN Y X, LIAO S Q, et al., 2017. Effects of two slow-release nitrogen fertilizers and irrigation on yield, quality, and water-fertilizer productivity of greenhouse tomato[J]. Agricultural Water Management, 186: 139-146.

LI Z, XIANG X, LI M, et al., 2015. Occurrence and risk assessment of pharmaceuticals and personal care products and endocrine disrupting chemicals in reclaimed water and receiving groundwater in China[J]. Ecotoxicology & Environmental Safety, 119: 74-80.

LIU J J, SUI Y Y, YU Z H, et al., 2014. High throughput sequencing analysis of biogeographical distribution of bacterial communities in the black soils of northeast China[J]. Soil Biology & Biochemistry, 70（2）: 113-122.

LIU K, ZHU Y, YE M, et al., 2018. Numerical simulation and sensitivity analysis for nitrogen dynamics under sewage water irrigation with organic carbon[J]. Water Air and Soil Pollution, 229（6）: 173.

LIU X J A, VAN GROENIGEN K J, DIJKSTRA P, et al., 2017. Increased plant uptake of native soil nitrogen following fertilizer addition-not a priming effect?[J]. Applied Soil Econology, 114: 105-110.

LIU X, ZHANG Y, HAN W, et al., 2013. Enhanced nitrogen deposition over China[J]. Nature, 494（7438）: 459-462.

LOSKA K, CEBULA J, PELCZAR J, et al., 1997. Use of enrichment, and contamination factors together with geoaccumulation indexes to evaluate the content of Cd, Cu, and Ni in the Rybnik water reservoir in Poland[J]. Water Air and Soil Pollution, 93（1-4）: 347-365.

LOW K G, GRANT S B, HAMILTON A J, et al., 2015. Fighting drought with innovation: melbourne's response to the Millennium Drought in Southeast Australia[J]. Wiley Interdisciplinary Reviews: Water, 2（4）: 315-328.

LU S B, SHANG Y Z, LIANG P, et al., 2017. The effects of rural domestic sewage reclaimed water drip irrigation on characteristics on rhizosphere soil[J]. Applied Ecology and Environmental Research, 15（4）: 1145-1155.

LU S B, ZHANG X L, LIANG P, 2016. Influence of drip irrigation by reclaimed water on the dynamic change of the nitrogen element in soil and tomato yield and quality[J]. Journal of Cleaner Production, 139: 561-566.

LUXH I J, ELSGAARD L, THOMSEN I K, et al., 2010. Effects of long - term annual inputs of straw and organic manure on plant N uptake and soil N fluxes[J]. Soil Use & Management, 23（4）: 368-373.

LYU S, CHEN W, 2016. Soil quality assessment of urban green space under long-term reclaimed water irrigation[J]. Environmental Science and Pollution Research International, 23 (5): 4639-4649.

LYU S, CHEN W, ZHANG W, et al., 2016. Wastewater reclamation and reuse in China: opportunities and challenges[J]. Journal of Environmental Sciences, 39: 86-96.

MAPANDA F, MANGWAYANA E N, NYAMANGARA J, et al., 2005. The effect of long-term irrigation using wastewater on heavy metal contents of soils under vegetables in Harare, Zimbabwe[J]. Agriculture, Ecosystems & Environment, 107 (2-3): 151-165.

MARINHO L E D O, FILHO B C, ROSTON D M, et al., 2014. Evaluation of the productivity of irrigated Eucalyptus grandis with reclaimed wastewater and effects on soil[J]. Water, Air, and Soil Pollution, 225 (1): 1830.

MARSCHNER P, YANG C H, LIEBEREI R, et al., 2001. Soil and plant specific effects on bacterial community composition in the rhizosphere[J]. Soil biology & biochemisty, 33 (11): 1437-1445.

MARSH B B, 1971. Measurement of length in random arrangements of lines. Journal of Applied Ecology, 8 (1): 265-267.

MARTÍNEZ S, SUAY R, MORENO J, et al., 2013. Reuse of tertiary municipal wastewater effluent for irrigation of Cucumis melo L[J]. Irrigation Science, 31 (4): 661-672.

MATAIX-SOLERA J, GARCIA-IRLES L, MORUGAN A, et al., 2011. Longevity of soil water repellency in a former wastewater disposal tree stand and potential amelioration[J]. Geoderma, 165 (1): 78-83.

MICKS P, ABER J D, DAVIDSON E A, 2004. Short-term soil respiration and nitrogen immobilization response to nitrogen applications in control and nitrogen-enriched temperate forests. Forest Ecology and Management, 19 (1): 57-70.

MOHAN T V K, NANCHARAIAH Y V, VENUGOPALAN V P, 2016. Effect of C/N ratio on denitrification of high-strength nitrate wastewater in anoxic granular sludge sequencing batch reactors. Ecological Engineering, 91: 441-448.

MOLINA J A E, CLAPP C E, SHAFFER M J, et al., 1983. NCSOIL, a model of nitrogen and carbon transformations in soil: description, calibration, and behavior1[J]. Soil Science Society of America Journal, 47 (1): 85-91.

MORENO-CORNEJO J, ZORNOZA R, FAZ A, et al., 2013. Effects of pepper crop residues and inorganic fertilizers on soil properties relevant to carbon cycling and broccoli production[J]. Soil Use & Management, 29 (4): 519-530.

NDOUR N Y B, BAUDOIN E, GUISSÉ A, et al., 2008. Impact of irrigation water quality on soil nitrifying and total bacterial communities[J]. Biology & Fertility of Soils, 44（5）: 797-803.

NICOLÁS E, MAESTRE-VALERO J F, PEDRERO F, et al., 2017. Long-term effect of irrigation with saline reclaimed water on adult Mandarin trees[J]. Acta Horticulturae, 1150: 407-411.

NIE M, PENDALL E, 2016. Do rhizosphere priming effects enhance plant nitrogen uptake under elevated CO_2 ?[J]. Agriculture Ecosystems and Environment, 224: 50-55.

NIU Z G, XUE Z, ZHANG Y, 2015. Using physiologically based pharmacokinetic models to estimate the health risk of mixtures of trihalomethanes from reclaimed water[J]. Journal of Hazardous Materials, 285: 190-198.

OCHMAN H, WOROBEY M, KUO C H, et al., 2010. Evolutionary relationships of wild hominids recapitulated by gut microbial communities[J]. PLoS Biology, 8（11）: e1000546.

PANG X P, LETEY J, 1998. Development and evaluation of ENVIRO-GRO, an integrated water, salinity, and nitrogen model[J]. Soil Science Society of America Journal, 62（5）: 1418-1427.

PARSONS L R, SHEIKH B, HOLDEN R, et al., 2010. Reclaimed water as an alternative water source for crop irrigation[J]. Hortscience, 45（11）: 1626-1629.

PARSONS L R, WHEATON T A, CASTLE W S, 2001. High application rates of reclaimed water benefit citrus tree growth and fruit production[J]. Hortscience, 36（7）: 1273-1277.

PARTON W J, MOSIER A R, OJIMA D S, et al., 1996. Generalized model for N_2 and N_2O production from nitrification and denitrification[J]. Global Biogeochemical Cycles, 1996, 10（3）: 401-412.

PINTO U, MAHESHWARI B L, GREWAL H S, 2010. Effects of greywater irrigation on plant growth, water use and soil properties[J]. Resources, Conservation and Recycling, 54（7）: 429-435.

POLLICE A, LOPEZ A, LAERA G, et al., 2004. Tertiary filtered municipal wastewater as alternative water source in agriculture: a field investigation in Southern Italy[J]. Science of the Total Environment, 324（1-3）: 201-210.

PROSSER J I, 1989. Autotrophic nitrification in bacteria[J]. Advances in Microbial Physiology, 30（1）: 125-181.

QIN Q, CHEN X J, ZHUANG J, 2015. The fate and impact of pharmaceuticals and personal care products in agricultural soils irrigated with reclaimed water[J]. Critical Reviews in Environmental Science and Technology, 45（13）: 1379-1408.

RATTAN R K, DATTA S P, CHHONKAR P K, et al., 2005. Long-term impact of irrigation with sewage effluents on heavy metal content in soils, crops and groundwater: a case study[J]. Agriculture Ecosystems & Environment, 109 (3): 310-322.

RICHARDSON A E, BAREA J M, MCNEILL A M, et al., 2009. Acquisition of phosphorus and nitrogen in the rhizosphere and plant growth promotion by microorganisms[J]. Plant & Soil, 321 (1-2): 305-339.

RODRIGUEZ-MOZAZ S, RICART M, KOECK-SCHULMEYER M, et al., 2015. J Pharmaceuticals and pesticides in reclaimed water: efficiency assessment of a microfiltration-reverse osmosis (MF-RO) pilot plant[J]. Journal of Hazardous Materials, 282 (SI): 165-173.

ROSE J B, GERBA C P, 1991. Assessing potential health risks from viruses and parasites in reclaimed water in Arizona and Florida, USA. [J]. Water Science and Technology, 23 (10-12): 2091-2098.

S O RENSEN P, 2004. Immobilisation, remineralisation and residual effects in subsequent crops of dairy cattle slurry nitrogen compared to mineral fertiliser nitrogen[J]. Plant & Soil, 267 (1/2): 285-296.

SAHA N, TARAFDAR J, 1996. Quality of sewages as irrigation water and its effect on beneficial microbes around pea (*Pisum sativum*) rhizosphere in hill soil[J]. Journal of Hill Research, 9 (1): 69-72.

SARDANS J, PE UELAS J, ESTIARTE M, 2008. Changes in soil enzymes related to C and N cycle and in soil C and N content under prolonged warming and drought in a Mediterranean shrubland[J]. Applied Soil Ecology, 39 (2): 223-235.

SCHIMEL J P, JACKSON L E, FIRESTONE M K, 1989. Spatial and temporal effects on plant-microbial competition for inorganic nitrogen in a california annual grassland[J]. Soil Biology & Biochemistry, 21 (8): 1059-1066.

SEGAL E, DAG A, BENGAL A, et al., 2011. Olive orchard irrigation with reclaimed wastewater: agronomic and environmental considerations[J]. Agriculture Ecosystems & Environment, 140 (3-4): 454-461.

SELIM H M, ISKANDAR I K, 1981. Modeling nitrogen transport and transformations in soils: 1. theoretical considerations. Soil Science, 131 (4): 233-241.

SHAFFER M J, PIERCE F J, 1987. A user's guide to NTRM, a soil-crop simulation model for nitrogen, tillage, and crop-residue management[J]. Conservation Research Report, 34 (1): 103.

SHAHNAZARI A, LIU F, ANDERSEN M N, et al., 2007. Effects of partial root-zone drying on yield，tuber size and water use efficiency in potato under field conditions[J]. Field Crops Research，100（1）：117-124.

SHANG F Z，REN S M，YANG P L，et al.，2015. Effects of different fertilizer and irrigation water types，and dissolved organic matter on soil C and N mineralization in crop rotation farmland[J]. Water Air & Soil Pollution，226（12）：396.

SHEIKH B，COOPER R C，ISRAEL K E，1999. Hygienic evaluation of reclaimed water used to irrigate food crops：a case study[J]. Water Science and Technology，40（4-5）：261-267.

SHI Y，CUI S，JU X，et al.，2015. Impacts of reactive nitrogen on climate change in China[J]. Scientific Reports，5：1-9.

STANFORD G，SMITH S J，1972. Nitrogen mineralization potentials of soils[J]. Soil Science Society of America Journal，36（3）：465-472.

SUN Y，HUANG H，SUN Y，et al.，2013. Ecological risk of estrogenic endocrine disrupting chemicals in sewage plant effluent and reclaimed water. [J]. Environmental Pollution，180（3）：339-344.

TANAKA H，ASANO T，SCHROEDER E D，1998. Estimating the safety of wastewater reclamation and reuse using enteric virus monitoring data[J]. Water Environment Research，70（1）：39-51.

TROST B，PROCHNOW A，MEYER-AURICH A，et al.，2016. Effects of irrigation and nitrogen fertilization on the greenhouse gas emissions of a cropping system on a sandy soil in northeast Germany[J]. European Journal of Agronomy，81：117-128.

UNEP，GECF，2006. Water and wastewater reuse：an environmentally sound approach for sustainable urban water management[R]. USA：United Nations.

VALENTIN J，2016. Basic anatomical and physiological data for use in radiological protection：reference values：ICRP Publication 89[J]. Annals of the ICRP，32（3-4）：1-277.

VAN G M，LADD J N，AMATO M，1991. Carbon and nitrogen mineralization from two soils of contrasting texture and microaggregate stability：influence of sequential fumigation，drying and storage[J]. Soil Biology & Biochemistry，23（4）：313-322.

VEJAN P，ABDULLAH R，KHADIRAN T，et al.，2016. Role of plant growth promoting rhizobacteria in agricultural sustainability：a review[J]. Molecules，21（5）：573.

VESELA A B，FRANC M，PELANTOVA H，et al.，2010. Hydrolysis of benzonitrile herbicides by soil actinobacteria and metabolite toxicity[J]. Biodegradation，21（5）：761-770.

WANG C C, NIU Z G, ZHANG Y, 2013. Health risk assessment of inhalation exposure of irrigation workers and the public to trihalomethanes from reclaimed water in landscape irrigation in Tianjin, North China[J]. Journal of Hazardous Materials, 262 (22): 179-188.

WANG Z, CHANG A C, WU L, et al., 2003. Assessing the soil quality of long-term reclaimed wastewater-irrigated cropland[J]. Geoderma, 114 (3): 261-278.

WESTGATE P J, PARK C, 2010. Evaluation of proteins and organic nitrogen in wastewater treatment effluents[J]. Environmental Science & Technology, 44 (14): 5352-5357.

XIANG S R, DOYLE A, HOLDEN P A, et al., 2008. Drying and rewetting effects on C and N mineralization and microbial activity in surface and subsurface California grassland soils[J]. Soil Biology & Biochemistry, 40 (9): 2281-2289.

XUE J M, SANDS R, CLINTON P W, 2003. Carbon and net nitrogen mineralisation in two forest soils amended with different concentrations of biuret[J]. Soil Biology & Biochemistry, 35 (6): 855-866.

YI L, JIAO W, CHEN X, et al., 2011. An overview of reclaimed water reuse in China[J]. Journal of Environmental Sciences, 23 (10): 1585-1593.

YOUSSEF M A, SKAGGS R W, CHESCHEIR G M, et al., 2005. The nitrogen simulation model, DRAINMOD-N II [J]. Transactions of the American Society of Agricultural Engineers, 48 (2): 611-626.

ZHANG S C, YAO H, LU Y T, et al., 2018. Reclaimed water irrigation effect on agricultural soil and maize (*Zea mays* L.) in northern China[J]. Clean-Soil Air Water, 46 (4): 1800037.

ZHANG Y, HU M, LIANG H J, et al., 2016. The effects of sugar beet rinse water irrigation on the soil enzyme activities[J]. Toxicological & Environmental Chemistry Reviews, 98 (3-4): 419-428.

ZHAO B Q, LI X Y, LI X P, et al., 2010. Long-term fertilizer experiment network in China: crop yields and soil nutrient trends[J]. Agronomy Journal, 102 (1): 216-230.

ZHAO W M, XING G X, ZHAO L, 2011. Nitrogen balance and loss in a greenhouse vegetable system in southeastern China[J]. Pedosphere, 21 (4): 464-472.

ZHAO Z M, CHEN W P, JIAO W T, et al., 2012. Effect of reclaimed water irrigation on soil properties and vertical distribution of heavy metal[J]. Environmental Science, 33 (12): 4094-4099.

ZHU G, WANG S, WANG Y, et al., 2011. Anaerobic ammonia oxidation in a fertilized paddy soil[J]. The ISME Journal, 5 (12): 1905.